国网上海市电力公司
电力专业实用基础知识系列教材

电路基础

国网上海市电力公司人力资源部　组编

中国电力出版社
CHINA ELECTRIC POWER PRESS

内 容 提 要

《国网上海市电力公司电力专业实用基础知识系列教材》以"理论够用、工作实用、上海特色"为宗旨，旨在开发一套理论知识与电力生产实际相融合的实用型教材，以期帮助电力企业各类生产岗位员工，特别是新进员工，提升电力专业知识水平，助力企业员工成长。

本册教材为《电路基础》，全书共 4 章，主要内容包括电路的基本概念和基本定律、线性电阻电路分析、正弦稳态电路、三相电路。全书在讲授电路基本理论和知识的同时，辅以大量实例、图片作为支撑，论例结合紧密，特色鲜明。

本书可作为电力从业人员通识教育培训教材，也可作为高等院校相关专业师生的教学参考书，还可供从事电力工程领域工作的相关技术人员参考。

图书在版编目（CIP）数据

电路基础/国网上海市电力公司人力资源部组编 .—北京：中国电力出版社，2020.12（2024.11 重印）
国网上海市电力公司电力专业实用基础知识系列教材
ISBN 978-7-5198-5367-9

Ⅰ .①电…　Ⅱ .①国…　Ⅲ .①电路理论—高等学校—教材　Ⅳ .① TM13

中国版本图书馆 CIP 数据核字（2021）第 031308 号

出版发行：中国电力出版社
地　　址：北京市东城区北京站西街 19 号（邮政编码 100005）
网　　址：http：//www.cepp.sgcc.com.cn
责任编辑：陈　硕（010-63412532）
责任校对：黄　蓓　常燕昆
装帧设计：赵姗姗
责任印制：吴　迪

印　　刷：北京锦鸿盛世印刷科技有限公司
版　　次：2020 年 12 月第一版
印　　次：2024 年 11 月北京第四次印刷
开　　本：710 毫米 ×1000 毫米　16 开本
印　　张：13.75
字　　数：195 千字
定　　价：78.00 元

《国网上海市电力公司电力专业实用基础知识系列教材》

编 委 会

主 任 钱朝阳 阮前途

副主任 黄良宝 马苏龙 徐阿元 刘运龙 刘壮志 吴英姿 潘 博

邹 伟 谢 伟 娄 为

委 员 邹家琛 房岭锋 叶洪波 何 明 余钟民 范 烨

本书编写组

组 长 何 明

副组长 孙阳盛 傅晓飞 赵 洪 陈婷玮 赵 璐 尚芳屹

成 员 刘蓉晖 邵佳佳 潘 达 何 梦 吴季浩 朱 愚

前言
PREFACE

随着国家电网有限公司"建设具有中国特色国际领先的能源互联网企业"战略目标的实施,对公司员工专业素质的要求不断提高。为进一步提升公司员工,特别是新进员工,对电力专业的基础性认知和必备理论的掌握水平,国网上海市电力公司自 2017 年起,组织技术技能专家及培训教学专家,历时三年,编撰了"国网上海市电力公司电力专业实用基础知识系列教材"。

该套教材以"理论够用、工作实用、上海特色"为宗旨,在内容编排上,坚持理论与实践的辩证统一,以理论够用为度,特别注重工程实例的融合,以使理论基础更好地服务于电力生产;在写作方式上,深入浅出,阐述简明,可读易懂;在素材收集上,锁定上海特大城市电网的特色,地域特色鲜明。本套教材是技能实训教材的理论基础,是高校理论教材的实践应用,书中每章均以小结对主要内容加以归纳,典型例题指导读者实践基本方法,习题与思考题供读者练习并进一步领会重要理论和方法。

本书编写组负责全书编写、统稿。本书在编写与出版过程中,得到了国网上海市电力公司多位领导、专家的指导与帮助,在此表示衷心的感谢。

限于编者的水平,书中不足之处在所难免,恳请各位读者提出宝贵意见。

编 者

2020 年 11 月

目 录

CONTENTS

03

第3章

正弦稳态电路·· **87**

04

第4章

三相电路··· **155**

第1章 CHAPTER ONE

电路的基本概念和基本定律

01

本章主要介绍电路的基本概念、基本定律，重点阐述了电流、电压、功率、电能等物理量，电阻元件、电感元件、电容元件、电压源与电流源等基本元件，并将庞大的电力系统抽象简化为基本电路模型，用电路原理诠释电力系统及其设备的基本模型，在知识点介绍过程中引入电力系统的常见应用，为后续专业知识奠定理论基础。

国网上海市电力公司电力专业实用基础知识系列教材

电路基础

电路和电路模型

1.1.1 电路的概念

实际电路（简称电路）是由用电设备或电工器件用导线按一定方式连接而成的电流通路。电路由电源、中间环节和负载三部分组成，提供电能的设备称为电源，用电的设备称为负载，连接于电源和负载之间的中间环节起着传输、分配、控制电能的作用。

各类电路中最典型的例子就是电力系统。现以图 1-1 所示的简单电力系统阐述电路的组成部分。电力系统由电源、电力网和负载三部分组成。电力系统的电源是发电机，用于将各种其他形式的能量转换为电能。电力系统中的工业用户、居民用户、商业用户等不同类型的负荷为负载。电力系统中的电力网（包括输电线路、配电线路、变压器等设备）是电力系统的中间环节，起着传输、分配、控制电能的作用。

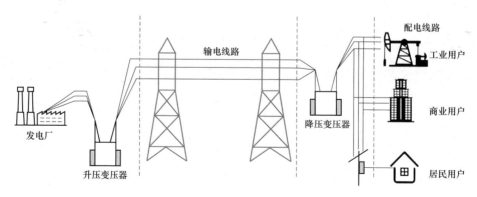

图 1-1　简单电力系统的示意图

1.1.2 电路模型

电路模型是由实际电路抽象而成的理想电路，近似地反映实际电路的电气特性。电路中发生的电磁现象可以用电压、电流、电荷和磁链等物理量来描述其中的过程。电路模型的建立对于分析研究实际电路具有非常重要的实际意义。

建立电路模型就是将实际器件科学处理为理想电路元件的过程。理想电路元件（简称理想元件）具备一种可用数学关系式严格定义的电磁特性。理想元件的数学关系反映了实际器件的基本物理规律。在一定条件下，实际器件可以用一种或多种理想元件的组合来表示其主要电磁特性，而忽略次要的、不影响理论分析结果的电磁性质。例如，电阻元件表示消耗电能的特性，电感元件表示电感线圈磁场储能的特性，电容元件表示电容器电场储能的特性。

图 1-2（a）所示电路中的干电池用理想直流电源 U_s 与电阻元件 R_s 的串联组合来模拟，将小灯泡、连接导线（假设导线电阻为零）、实际开关分别用电阻元件 R、理想导线、理想开关 S 来模拟，于是就得到了一个由理想电路元件组成的电路模型，如图 1-2（b）所示。

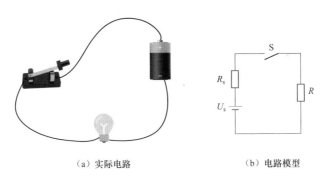

（a）实际电路　　　　　　　　　（b）电路模型

图 1-2　举例说明电路模型

根据实际电路的不同工作条件和对模型准确度的不同要求，可用不同的电路模型模拟同一实际电路。将实际电路或者实际器件转化为电路模型的前提条件是，需要客观反映实际元器件的基本特性，即按照电路的工作条件及对模型准确度要求，依据实际发生的能量效应和电磁效应，突出电路的主要特性、忽略次要因素，用一些恰当的理想元件按一定方式连接所构成的电路模型去模拟、逼近实际电路。本节以变压器绕组和电力电容器为例加以说明。

（1）变压器绕组是由导线绕制而成的电感线圈，各匝绕组间彼此绝缘，如图 1-3 所示。在不考虑导线阻抗和电容效应的情况下，电感线圈可视为理想电感元件，其电路模型如图 1-4（a）所示。当电感线圈通过低频电流时，需考虑电能损耗，此时该电路模型可由一个电阻元件 R 和一个电感元件 L 串联组成，如图 1-4（b）所示。当电感线圈通过高频电流时，线圈的层间和匝间电容将增大，这样就必须考虑电容效应，其电路模型需由电阻 R、电感 L 和电容 C 三个元件等效组成，如图 1-4（c）所示。

图 1-3　变压器绕组外观图

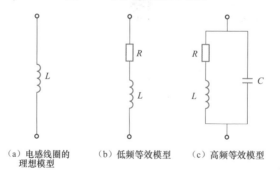

（a）电感线圈的　　（b）低频等效模型　　（c）高频等效模型
　　理想模型

图 1-4　电感线圈的三种等效模型

（2）电容器由任意两块用绝缘介质隔开的金属导体构成，如图 1-5 所示。

大多数电容器的漏电流很小，在工作电压频率低的情况下，可以用一个电容作为其电路模型，如图1-6（a）所示。当电容器漏电流不能忽略时，则需要用一个电阻与电容的并联作为其电路模型，如图1-6（b）所示。在工作频率很高的情况下，还需要增加一个电感来构成电容器的电路模型，如图1-6（c）所示。

图1–5　电容器外观图

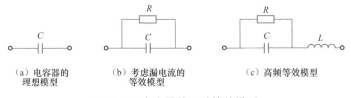

（a）电容器的　　　　（b）考虑漏电流的　　　　（c）高频等效模型
理想模型　　　　　等效模型

图1–6　电容器的三种等效模型

电流和电压

1.2.1　电流

电荷的定向移动形成电流，规定电流的方向为正电荷移动的方向，如图

1-7 所示，电流 i 是指 dt 时间内通过导体任一横截面 S 的电荷量的代数和 dq 与时间间隔 dt 的比值，即

$$i = \frac{dq}{dt} \qquad (1\text{-}1)$$

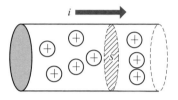

图 1-7　电流示意图

电流的单位为 A（安培，简称安），常见的电流单位还有 kA（千安）、mA（毫安）、μA（微安）等。

如果电流的大小及方向都不随时间变化，即在单位时间内通过导体横截面的电量相等，则称之为恒定电流，简称为直流（Direct Current，DC）。直流电流用大写字母 I 表示。如果电流的大小及方向均随时间按正弦规律作周期性变化，将之简称为交流（Alternating Current，AC）。交流电流的瞬时值要用小写字母 i 或 $i(t)$ 表示。

1.2.2　电压

1. 电压的概念

电荷在电场中受到电场力的作用，电压反映了电场力做功的能力。电压的实际方向由高电位端指向低电位端。如图 1-8 所示，电场中某两点 a、b 间的电压 U_{ab} 是指将点电荷 q 由 a 点移动至 b 点电场力所做的功 W_{ab} 与该电荷 q 的比值，即

$$U_{ab} = \frac{W_{ab}}{q} \qquad (1\text{-}2)$$

电压的单位为 V（伏特，简称伏），常见的电压单位还有 kV（千伏）、mV（毫伏）等。

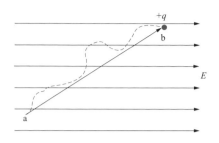

图 1-8　电场力做功示意图

如果电压的大小及方向都不随时间变化，则称之为恒定电压，简称为直流电压，用大写字母 U 表示。如果电压的大小及方向均随时间按正弦规律作周期性变化，称之为交流电压。交流电压的瞬时值用小写字母 u 或 $u(t)$ 表示。

在电力系统中，电压的概念应用广泛，现从电压等级、特高压工程两个方面简单介绍。

（1）电压等级。电力系统中电压水平等级众多。发电机输出的电压，由于受发电机绝缘水平的限制，通常为 6.3、10.5kV，最高不超过 20kV，而用户侧的各种电气设备大多是低压设备。由于电源点与负荷中心分布不均衡的问题，高压输电以远距离、低损耗的优势应运而生，这就需要通过变压器对电源侧的电压进行升压，而在用户侧的电压需要降压以匹配各种低压用电设备，这就在电力系统中产生了各个电压等级。某地区的主要电压等级情况见表 1-1。

表 1-1　　　　　　　　　　某地区主要电压等级分类

分　类		电　压　等　级
交流	低压	380/220V
	中压	10kV
		35kV
	高压	110kV
		220kV

续表

分　类		电　压　等　级
交流	超高压	500kV
	特高压	1000kV
直流	超高压	±500kV
	特高压	±800kV

（2）特高压工程。截至 2020 年 10 月，国家电网建成投运"十三交十一直"24 项特高压工程，核准、在建"一交三直"4 项特高压工程，已投运特高压工程累计线路长度 35583km，累计变电（换流）容量 39667 万 kVA。截至 2020 年 10 月上海地区建成投运的特高压交直流工程见表 1-2。

表 1-2　　　截至 2020 年 10 月上海地区建成投运的特高压交直流工程

序号	特高压工程名称	途　径　省　份
1	淮南—浙北—上海 1000kV 特高压交流输电工程	安徽，浙江，江苏，上海
2	淮南—南京—上海 1000kV 特高压交流输电工程	安徽，江苏，上海
3	向家坝—上海 ±800kV 特高压直流输电工程	四川，重庆，湖北，湖南，安徽，浙江，江苏，上海

2. 电位的概念

在电场中任选一点 o 作为参考点，o 点的电位为零，电场中某点 a 与参考点 o 之间的电压称为该点的电位。电场中 a 点的电位等于库仑电场力将正电荷 q 从该点 a 移到参考点 o 时所做的功 W_{ao} 与其所带电量 q 的比值，用 V_a 表示 a 点的电位，则有

$$V_a = U_{ao} = \frac{W_{ao}}{q} \tag{1-3}$$

电位的单位与电压相同。

参考点是人为规定的零电位点。参考点的选择原则上是任意的，参考点选择不同，电场中各点的电位将有不同的数值。

（1）电压与电位的关系。当电量为 q 的正电荷从 a 点经参考点 o 移到 b

点时，电场力所做的功为

$$W_{ab} = W_{ao} + W_{ob} = W_{ao} - W_{bo} \qquad (1-4)$$

根据电压的定义可确定 a、b 两点间的电压为

$$U_{ab} = \frac{W_{ab}}{q} = \frac{W_{ao}}{q} - \frac{W_{bo}}{q} = V_a - V_b \qquad (1-5)$$

由此可知，电场中任意两点间的电压等于这两点的电位之差，故电压又称电位差。两点间的电压大小取决于电场的性质及这两点在电场中的位置，与参考点的选择无关。

（2）等电位在电力系统中的应用。在电力系统中等电位应用十分广泛，主要包括接地和等电位连接等。

1）接地。大地是一个电阻非常低、电容量非常大的物体，拥有吸收无限电荷的能力，而且在吸收大量电荷后仍能保持电位不变，因此，常将其作为电力系统中的参考电位体。接地是指将电网或设备的某一部分通过接地装置同大地紧密连接起来。接地按作用的不同，可分为工作接地、防雷接地和保护接地三种方式。

（a）工作接地是指为保证设备在正常或故障情况下能安全可靠地工作，防止因设备故障引起过电压而设置的接地。例如，大电流接地系统中 220kV 主变压器低压侧及 10kV 配电变压器低压侧的中性点接地等。

（b）防雷接地是指为了消除雷电过电压的危害而设置的接地，如避雷针、避雷线和避雷器的接地。

（c）保护接地是指将带电电气设备外壳接地，是为防止绝缘损坏的电气设备引起触电事故而设置的有效措施。

三相变压器通常采用三只避雷器进行防雷保护，如图 1-9 所示，避雷器接地线、变压器外壳、变压器低压侧中性点并接在一起后经接地电阻共同接地。其中，避雷器接地属于防雷接地，变压器外壳接地属于保护接地，变压器中性点接地属于工作接地。

2）等电位连接。等电位连接是将建筑物内附近的所有金属物，如混凝土内的钢筋、自来水管、煤气管及其他金属管道、机器基础金属物及其他大型的埋地金属物、电缆金属屏蔽层、电力系统的中性线、建筑物的接地线统一

用电气连接的方法连接起来（焊接或者可靠的导电连接），使整座建筑物成为一个良好的等电位体。等电位连接分为总等电位连接和局部等电位连接。

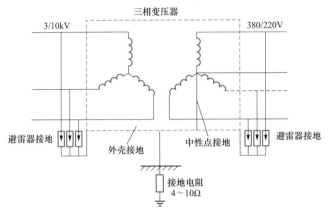

图 1-9　三相变压器接地设计图

（a）总等电位连接的作用在于降低建筑物内间接接触电压和不同金属部件间的电位差，消除自建筑物外经电气线路和各种金属管道引入的危险故障电压的危害。总等电位连接是将建筑物内的进线配电箱（柜）的接地线、建筑物金属结构、外露可导电部分、公共设施金属管道（如给排水干管、暖气干管、煤气干管等），以及自接地极引来的接地干线，汇接到进线配电箱（柜）近旁的接地母排（总接地端子板）上互相连接，如图 1-10 所示。

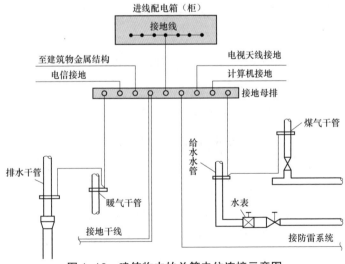

图 1-10　建筑物内的总等电位连接示意图

（b）局部等电位连接是指在局部范围内通过局部等电位连接端子箱，将房间内的等电位连接端子箱与用电设备外壳和金属管道相连接，如图 1-11 所示。一般在浴室、游泳池、喷水池、医院手术室等装设有局部等电位连接端子箱。等电位连接端子箱，是现代建筑电气的一个重要组成部分，被广泛应用于高层建筑中，使局部范围内外漏导电部分处于同等电位，避免人体遭受电击的伤害。其原理类似于站在高压线上的小鸟，因身体部位没有电位差而不会被电击。局部等电位连接一般作为总等电位连接的补充措施。

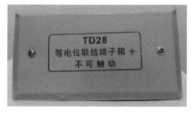

（a）内部结构图 　　　　　　　　　（b）外观图

图 1-11　等电位连接端子箱

3. 电流和电压的参考方向

电流有流向，电压具有极性，电压的实际方向是由高电位指向低电位。对于简单电路，较易确定电流、电压的方向；但是对于复杂电路，为了分析和计算电路，需建立电路的数学模型，并给各元件的电流和电压人为假设一个方向，即参考方向，以方便建立电路方程进行计算。

（1）电流的参考方向。电流的参考方向用箭头表示，如图 1-12 所示。参考方向和电流数值的正负号共同表明了电流的实际方向。在图 1-12（a）中，i 为正值，表明电流从 a 端流入，b 端流出，电流的实际方向与图中标示的参考方向一致；在图 1-12（b）中，i 为负值，电流从 b 端流入，a 端流出，电流的实际方向与标示参考方向相反。

a　$i>0$　b　　　　　a　$i<0$　b

（a）与参考方向一致 　　　　　　（b）与参考方向相反

图 1-12　电流的参考方向

（2）电压的参考方向。电压的参考方向用电压极性表示。在电路中，电压的参考方向有两种标示方法：一种是用"+""−"符号表示，如图 1-13（a）所示，即高电位端以"+"表示，低电位端以"−"表示；另一种是用箭头表示，如图 1-13（b）所示，箭头由高电位指向低电位。如果 $u > 0$，表明电压的实际极性和参考方向一致，即 a 为高电位端，b 为低电位端；如果 $u < 0$，则 b 为高电位端，a 为低电位端。

（a）正负号表示　　　　　　（b）箭头表示

图 1-13　电压参考方向的两种表示方法

（3）电流和电压的关联参考方向。电流和电压的参考方向可以独立地任意指定。若在选取两者的参考方向时，使电流从电压的"+"极流入，从"−"极流出，这种选取方式称为电流、电压的关联参考方向，如图 1-14（a）所示；反之，则称为电流、电压的非关联参考方向，如图 1-14（b）所示。在电路分析中，采用电流、电压的关联参考方向可使问题的讨论更为简便，故一般情况下都默认电流、电压选取关联的参考方向。

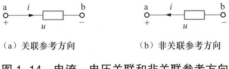

（a）关联参考方向　　　　　　（b）非关联参考方向

图 1-14　电流、电压关联和非关联参考方向

功　　率

电流通过二端电路元件，电场力对该元件做功，元件与外电路之间发生能量交换。电路元件的功率是指单位时间内电场力对其所做的功。现以图 1-15 所示元件进行说明。

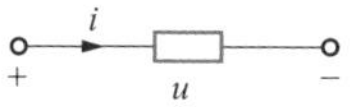

图 1-15　电路元件的功率

假设元件两端电压为 u，流过的电流为 i，电压和电流取关联参考方向，用 p 表示电路元件吸收或发出的瞬时功率，即

$$p = \frac{\mathrm{d}W}{\mathrm{d}t} \tag{1-6}$$

式中：$\mathrm{d}W$ 为时间间隔 $\mathrm{d}t$ 内电场力对电路元件所做的功。

根据电压和电流的定义，式（1-6）可以进一步表示为

$$p = \frac{\mathrm{d}W}{\mathrm{d}t} = \frac{\mathrm{d}W}{\mathrm{d}q} \times \frac{\mathrm{d}q}{\mathrm{d}t} = ui \tag{1-7}$$

式中：u、i 均为时间 t 的函数。

可见，电路元件的瞬时功率等于电压瞬时值与电流瞬时值的乘积。当电压、电流的单位分别为 V（伏）和 A（安）时，功率的单位为 W（瓦特，简称瓦），常见的功率的单位还有 MW（兆瓦）、kW（千瓦）、mW（毫瓦）等。

在电压、电流为关联参考方向的情况下，正电荷是从高电位转移至低电位，电场力做正功，这意味着是将电能转化为了其他形式的能量。因此，式（1-7）表示电路元件吸收功率，p 值为正；反之，向外部输送功率，p 值为负。

若电压、电流为非关联参考方向，且约定 $p > 0$ 时为吸收功率，$p < 0$ 时为发出功率，则功率的计算式前应加负号，即

$$p = -ui \tag{1-8}$$

或

$$P = -UI \tag{1-9}$$

【例 1-1】图 1-16（a）中，已知 $U_1 = 10\mathrm{V}$，$I_1 = -2\mathrm{A}$，求二端电路的功率，并说明是吸收功率还是发出功率。图 1-16（b）中，已知二端电路发出的功率

为 $-9W$，$I_2=3A$，求电压 U_2。

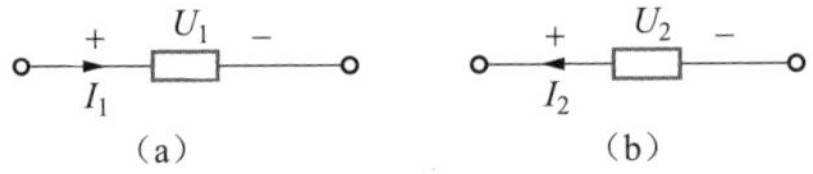

图 1-16 ［例 1-1］图

解：（1）图 1-16（a）中电压、电流为关联参考方向，则功率的计算式为

$$P_1 = U_1 I_1 = 10 \times (-2) = -20(\text{W})$$

该二端电路吸收的功率为 –20W，表明实际为发出功率 20W。

（2）图 1-16（b）中，电压、电流为非关联参考方向，则功率的计算式为

$$P_2 = -U_2 I_2$$

电路发出的功率为 –9W，即吸收功率为 9W，$P_2= 9W$，于是二端电路的电压为

$$U_2 = -\frac{P_2}{I_2} = -\frac{9}{3} = -3(\text{V})$$

【例 1-2】有一只标有额定电压 220V、5A 的电能表，该表可以测量具有多大功率的负载？可接几盏 60W 的电灯？

解：该表可测量负载的最大功率为

$$P = UI = 220 \times 5 = 1100(\text{W})$$

可接 60W 电灯的盏数为

$$n = \frac{1100}{60} = 18.33 \approx 18(\text{盏})$$

1.4

电　　能

电能反映了电场力做功的量。当电路元件的电压和电流为关联参考方向

时，该电路元件从 t_1 到 t_2 的时间段内吸收的电能 W 为

$$W=\int_{t_1}^{t_2} p\mathrm{d}t = \int_{t_1}^{t_2} ui\mathrm{d}t \qquad (1\text{-}10)$$

式中：电压的单位为 V ；电流的单位为 A ；功率的单位为 W ；电能的单位为 J（焦［耳］）。

实际应用中，电能的常用单位为 kWh（千瓦时，俗称度）。千瓦时与焦的换算关系为

$$1\text{kWh}=1\text{kW} \times 3600\text{s}=3600\text{kJ} \qquad (1\text{-}11)$$

由此可知，1kWh 电能相当于功率为 1000W 的耗能元件在 1h 内所消耗的能量。1kWh 可以让 25W 的台灯点亮 40h，让手机充电 100 多次，让 66W 的冰箱运转 15h，使电动自行车跑 80km，将 8kg 的水烧开等。

【例 1-3】某居民装有 20、60、40W 的灯泡各一只，45W 电视机一台，70W 电冰箱一台，若以平均每日用电 3h 计算，每月用电量为多少（按 30 天计算）？若电费为 0.61 元 /（kWh），则每月电费是多少？

解：每月用电量 为

$$W=\frac{20+60+40+45+70}{1000}\times 3\times 30=21.15（\text{kWh}）$$

每月电费为

$$每月电费 =W\times 0.61=21.15\times 0.61=12.9(元)$$

【例 1-4】某大型企业，将原厂房 140 套 150W 金卤灯更改为 80W 无极灯，180 套 250W 金卤灯更改为 120W 无极灯，278 套 400W 金卤灯更改为 200W 无极灯后，每年产生的节能费用是多少？（每天生产用灯时间 15h，一年有 365 天，电费为 0.85 元 /kWh）

解：替换后节约总功率为

$$\Delta P=[(150-80)\times 140+(250-120)\times 180+(400-200)\times 278]\times 10^{-3}=88.8(\text{kW})$$

每年产生的节能费用为

$$88.8\times 365\times 15\times 0.85 = 413253(元)$$

电能主要来自其他形式能量的转换，包括热能、风能、水能、化学能、太阳能等。其中太阳能是一种可再生的清洁能源，利用光伏发电系统可将其转化为电能。随着政府光伏补贴的政策倾斜以及新能源技术的持续发展，我国光伏发电的普及率越来越高。

我国是全球光伏发电安装量增长最快的国家。居民光伏发电一般采用自发自用、余电上网的模式，具有就地消纳的优势，可避免远距离输送造成的损失。对于居民用户，通常在房顶架设光伏板［见图 1-17（a）］，满足自身用电需求，多余电量可上网换取补贴。对于政企用户，可以利用厂房顶部、城市道路两侧等闲暇区域［见图 1-17（b）］，统一规划形成规模化的分布式发电网，降低企业的碳排放量。

（a）屋顶安装的光伏板　　　　　　　（b）公路两侧的光伏板

图 1-17　光伏应用

以某地区光伏居民为例，光伏用户的计量方式如图 1-18 所示。在营销 SG186 系统中同时会存在两个户号：一个户号为光伏用户的用电户号，该户号关联的智能电表为用电表，计量该户从电网侧使用的电量和上网的电量；另外一个户号为光伏用户的发电户号，该户号关联的智能电表为发电表，计量该户的发电电量。每月发行的账单上显示的电费为用电电费。光伏补贴包含上网补贴和发电补贴，另外发放给用户。

【例 1-5】某光伏用户 2019 年 11 月 1 日到 11 月 30 日的用电情况见表 1-3，请计算该户本月电费和补贴。用电电价：平时段（6~22 时）0.617 元 /（kWh），谷时段（22 时~次日 6 时）0.307 元 /（kWh）。上网电价：峰平谷时段均为 0.4155 元 /（kWh）。发电电价：光伏发电补贴（居民），峰平谷时段均为 0.82 元 /（kWh）。

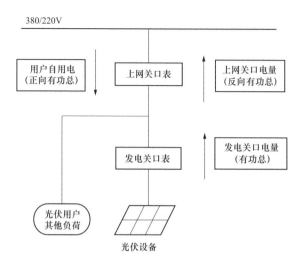

图 1-18　光伏居民用户计量方式

表 1-3　　　　　　　　　　某光伏用户 2019 年 11 月用电情况

计量点名称	计量点性质	电能表	示数类型	倍率	上次示数	本次示数	抄见电量（kWh）	数据来源
A 用户	结算	用电表	正向有功（平）	1	55184	56284	1100	抄表
A 用户	结算	用电表	正向有功（谷）	1	42112	42584	472	抄表
A 用户	结算	用电表	反向有功（平）	1	28981	29224	243	抄表
A 用户	结算	用电表	反向有功（谷）	1	6	6	0	抄表
A 用户	结算	发电表	有功（平）	1	43211	43761	550	抄表
A 用户	结算	发电表	有功（谷）	1	142	143	1	抄表

解：根据用电表计量的正向有功电量计算用电电费

用电电费 $=1100 \times 0.617+472 \times 0.307 = 823.604 \approx 823.6$（元）

根据用电表计量的反向有功电量计算上网补贴

上网补贴 $= (243 + 0) \times 0.4155 = 100.9665 \approx 100.97$（元）

根据发电表计量的有功电量计算发电补贴

$$发电补贴 = (550 + 1) \times 0.82 = 451.82 (元)$$

该户需 11 月支付用电电费 823.6 元，发放光伏补贴为 100.97 + 451.82 = 552.79（元）。

电　　阻

电阻的大小反映各种物体对电流的阻碍能力，电阻值越大，阻碍能力越强，导电性能越差。根据导电性能的不同将物体分为导体、绝缘体和半导体。通常将导电性能良好的物体称为导体，如银、铜、铝、含有杂质的水、人体、大地等。导电性能差的物体称为绝缘体，如玻璃、橡胶、陶瓷等。导电性能介于导体和绝缘体之间的物体称为半导体，如硅、锗、硒、氧化铜等。

在实际工作中，常选取导体材料作为电能传输的介质，以减少传输中的电能损耗；将绝缘材料作为隔绝带电体的介质，可保护人身和设备安全。对于导体，采用导体电阻来衡量导电性能，其数值越小表示导电能力越好；对于绝缘体，则采用绝缘电阻来衡量电气设备和线路的绝缘水平，其数值越大说明绝缘性能越好。

1.5.1　导体电阻

1. 电阻定律

导体电阻是由本身的材料性质、长度、横截面积、环境温度决定。实验证明，温度一定时，材料的导体电阻与导体的长度 l 成正比，与横截面积 s 成反比，这一结论称为电阻定律。在常温 20℃下，电阻定律用数学式表示为

$$R = \rho \frac{l}{s} \qquad\qquad (1\text{-}12)$$

式中：R 为导体的电阻，Ω ；l 为导体的长度，m ；s 为导体的横截面积，m^2 ；ρ 为导体的电阻率，$\Omega \cdot m$。

电阻率是用来表示各种物质电阻特性的物理量，反映物质对电流阻碍作用的属性，不仅与材料种类有关，而且还与温度、压力和磁场等外界因素有关。

【例 1-6】一根均匀导线，电阻为 R_0，先将其均匀地拉长，使其直径变为原来的 1/2，问电阻变为多少？然后再截取长度的 1/4，剩余部分的电阻为多少？

解：当这段导线的直径变为原来的 1/2 时，根据面积计算公式 $s = \pi r^2$ 可知导线的截面积变为原来的 1/4，导线长度变为原来的 4 倍，那么这时导线电阻为

$$R' = \rho \frac{l'}{s'} = \rho \frac{4l}{\frac{1}{4}s} = 16\rho \frac{l}{s} = 16R_0$$

截取长度的 1/4 后，剩余长度为 3/4，那么这时导线的电阻为

$$R'' = 16\rho \frac{l}{s} \times \frac{3}{4} = 12R_0$$

2. 不同材料的导电性能

电阻率 ρ 是反映材料导电性能的参数。银、铜、铝的电阻率很小，这说明这些材料对电流的阻碍小，导电能力强。因此，常用铜或铝来制造导线和电气设备的线圈，如图 1-19（a）所示。银的电阻率最小，但因价格昂贵，因而只有在特殊要求的场合使用，如电器触头等。镍铬、铁铬铝合金的电阻率很大，而且耐高温，常用来制造发热器件的电阻丝，如图 1-19（b）所示。

3. 温度对电阻率的影响

常温下，绝缘体的电阻率极大，随温度的升高而减小，如塑料、橡胶和

空气等。纯金属导体在常温下电阻率很小，随温度升高而增大，可用于温度的测量。例如金属铂，其电阻温度系数较大、熔点高，因此常用于制造电阻温度计，一般测温范围为 –200 ～ +850℃。有的合金材料（如康铜、锰铜）电阻率几乎不受温度变化的影响，通常被用于制造标准电阻、电阻箱以及电工仪表中的分流电阻和附加电阻等。

（a）铜芯导线　　　　　　　　　　（b）发热电阻丝

图 1-19　不同材料的电阻性能

4.超导材料

实验发现，当温度降低到绝对零度附近的某一特定温度时，某些金属材料的电阻率突然减小到零，这种现象称为超导现象，处于超导态的物体称为超导体。例如，铌钛合金在温度降低到 –265℃时，就具有这种超导特性。在超导状态下，由于材料本身的电阻为零，所以此时无任何电能损耗，一旦激起电流后，即使在无外电场的作用下，电流也能持续下去。目前超导技术已应用于计算机、核能控制等方面，未来将在发电设备、电动机和输电系统等领域得到更广泛应用。

1.5.2　电阻元件

1.电阻元件的概念

电阻器是最基本的电路器件之一。电阻元件是一种理想化的模型，用来模拟电阻器和其他器件的电阻特性，即能量损耗特性，其符号如图 1-20所示。

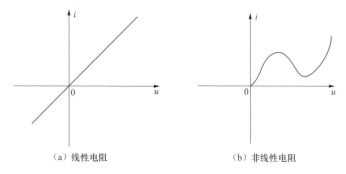

图 1-20　电阻元件

电阻元件上电压和电流的函数关系称为伏安特性。若电阻元件的特性曲线是一条通过原点的直线，其伏安特性曲线如图 1-21（a）所示，称为线性电阻元件；否则称为非线性电阻元件，伏安特性曲线如图 1-21（b）所示。

（a）线性电阻　　　　　　　　　　　（b）非线性电阻

图 1-21　电阻的伏安特性曲线

中性点经小电阻接地的方式中用到的电阻为线性电阻。图 1-22（a）为上海某 220kV 变电站 1 号接地变接地电阻柜外观图。图 1-22（b）为该接地电阻柜内部情况，内含多个小阻值电阻，通过移动铜排可以改变输出接地小电阻的阻值，确保接入系统的为合适阻值的电阻，当前柜内接地电阻的总阻值为 20Ω。对于此类小电阻，电力公司定期进行红外测温、测电阻值等例行电气试验，以保证设备稳定正常运行。

（a）接地小电阻柜外观　　　　　（b）接地小电阻柜内部情况

图 1-22　接地小电阻

非线性电阻在电力系统中有重要的应用。金属氧化物避雷器的阀片是非线性电阻，主要成分是氧化锌（ZnO_2），氧化锌的电阻片具有极为优越的非线性特性。正常工作电压下避雷器电阻片电阻值很高，只有极少的漏电流，相当于一个绝缘体。在雷击过电压作用下，阀片的电阻变得很小，使得避雷器所在的线路和大地相连，雷击所产生的电流流入大地，使避雷器保护对象的残压很低，雷击过后阀片又恢复到原先的高阻值。金属氧化物避雷器的实物如图 1-23 所示。

图 1-23　金属氧化物避雷器实物图

在电压 u 和电流 i 为关联参考方向的前提下，线性电阻元件满足欧姆定律，即

$$u = Ri \tag{1-13}$$

或

$$i = Gu \tag{1-14}$$

令

$$G = \frac{1}{R} \tag{1-15}$$

式中：R 称为元件的电阻；G 称为元件的电导；R、G 为正实常数。

当电流的单位为 A，电压的单位为 V 时，电阻的单位为 Ω（欧姆，简称欧），电导的单位为 S（西门子，简称西）。本书所讨论的电阻均为线性电阻。

【例 1-7】有一中间继电器，其两端直流电压 $U = 220V$，线圈电流 I 为 22mA，求线圈的直流电阻 R。

解：根据欧姆定律，线圈的直流电阻为

$$R = \frac{U}{I} = \frac{220}{0.022} = 10000(\Omega) = 10(k\Omega)$$

"伏安法"是测量电阻的常用方法，即利用直流电压表和电流表分别测量电阻的电压和电流，再由欧姆定律计算得出电阻的阻值。测量的实物接线图和电路原理图如图 1-24 所示。

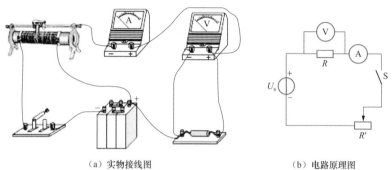

（a）实物接线图   （b）电路原理图

图 1-24　伏安法测电阻

线性电阻元件有开路和短路两种极端情况：

（1）当 $R = 0$（或 $G = \infty$）时，伏安特性曲线与 i 轴重合，如图 1-25（a）所示。只要电流为有限值，其端电压恒为零，此种情况称为短路，电阻元件相当于一根导线。

（2）当 $R = \infty$（或 $G = 0$）时，伏安特性曲线与 u 轴重合，如图 1-25（b）所示。只要电压为有限值，其通过的电流恒为零，此种情形称为开路。

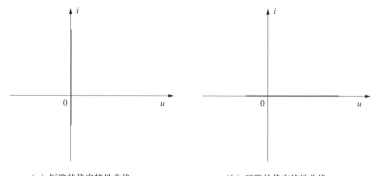

（a）短路的伏安特性曲线   （b）开路的伏安特性曲线

图 1-25　短路和开路

2. 电阻元件的功率

当电压和电流取关联参考方向时，电阻元件消耗的瞬时功率为

$$p = ui = Ri^2 = \frac{u^2}{R} = Gu^2 \tag{1-16}$$

因 R 和 G 是非负数，故功率 p 恒为非负数，这表明线性电阻元件任何时刻都是总是吸收电能，并将所吸收的电能转换成热能而耗散掉，所以线性电阻元件是一个耗能元件。

【例 1-8】一只标有"220V、100W"的灯泡，试求其额定电流 I_N。若将其接到 200V 的电源上，其电流和消耗的功率各是多少（不考虑灯丝电阻随电压的变化）？

解：灯泡的额定电流为

$$I_N = \frac{P_N}{U_N} = \frac{100}{220} \approx 0.45(\text{A})$$

灯泡电阻为

$$R = \frac{U_N}{I_N} = \frac{220}{0.45} \approx 488.89(\Omega)$$

当小灯泡接到 200V 的电源上时，流经的电流为

$$I = \frac{U}{R} = \frac{200}{488.89} = 0.41(\text{A})$$

消耗的功率为

$$P = UI = 200 \times 0.41 = 82(\text{W})$$

电 感 和 电 容

1.6.1　电感元件

电感器是常见的电路基本器件之一。实际电感器一般用导线绕制而成，

也称为电感线圈。电感元件是一种理想化的电路模型，用来模拟实际电感器和其他实际器件的电感特性，即磁场储能特性。电感元件的一般图形符号如图 1-26（a）所示。

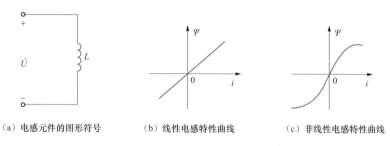

（a）电感元件的图形符号　　（b）线性电感特性曲线　　（c）非线性电感特性曲线

图 1-26　电感元件的图形符号及特性曲线

电感元件的磁链 Ψ 与电流 i 之间的函数关系可用平面的一条确定曲线来表示。当磁链 Ψ 和电流 i 的参考方向选取符合右手螺旋定则时，电感元件的磁链 Ψ 与电流 i 之间的关系为

$$\Psi = Li \tag{1-17}$$

式中：L 是电感元件的参数，称为电感元件的电感，电感的单位为 H（亨[利]），其他常用单位有 mH（毫亨）、μH（微亨）。

如果一个二端元件的磁链 Ψ 与电流 i 之间的关系曲线在所有时间内都是平面上一条通过原点的直线，则这种二端元件称为线性电感元件。线性电感元件的电感 L 为一正实常数，其 Ψ 与 i 的关系曲线如图 1-26（b）所示。

如果一个二端元件的磁链 Ψ 与电流 i 之间的关系曲线在 i–Ψ 平面上是一条曲线或是一条不通过原点的直线，则这种二端元件称为非线性电感元件，其 Ψ 与 i 的关系曲线如图 1-26（c）所示。本书计算仅基于线性电感。

1.6.2　电容元件

电容器是常见的电路基本器件之一。电容元件是一种理想化模型，用来模拟实际电容器和其他实际器件的电容特性，即电场储能特性。电容元件的一般图形符号如图 1-27（a）所示。

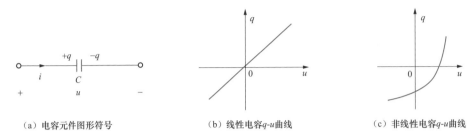

（a）电容元件图形符号　　　（b）线性电容q-u曲线　　　（c）非线性电容q-u曲线

图 1-27　电容元件的图形符号及 q–u 关系曲线

电容元件所储存的电荷 q 与其端电压 u 之间的关系可以用坐标平面上的一条确定曲线来表示。电容元件的电荷 q 与电压 u 之间的关系为

$$q = Cu \tag{1-18}$$

式中：C 是电容元件的参数，称为电容元件的电容，单位为 F（法［拉］），其他常用单位有 μF（微法）、pF（皮法）等。

如果一个二端元件的电荷 q 与电压 u 之间的关系曲线，在任意时刻，都是平面上一条通过原点的直线，则该二端元件称为线性电容元件，其电容 C 为一正实常数。由式（1-18）画出线性电容元件的关系曲线，如图 1-27（b）所示。

如果一个二端元件所储存的电荷 q 与其端电压 u 之间的关系曲线在 u–q 平面上是一条曲线或是一条不通过原点的直线，则该二端元件称为非线性电容元件，其 q 与 u 的关系曲线如图 1-27（c）所示。本书计算仅基于线性电容。

电压源和电流源

理想电源是实际电源的理想化模型，其输出不受自身所连外电路的影响。按电源的不同特性，理想电源可分为电压源和电流源两种。

1.7.1 电压源

电压源是理想的有源二端电路元件，电压源的电路符号如图 1-28（a）所示，一般为计算方便，电压源的电流和电压取非关联参考方向，电压源的端电压为

$$u(t) = u_s(t)$$

式中：$u_s(t)$ 为时间的函数。

电压源的外特性：①电压源的端电压是时间的函数，与外电路无关；②流过电压源的电流由与之相连的外电路决定。理想电压源不允许短路。

当电压源的输出 $u_s(t)$ 为恒定值 U_s 时，称为直流电压源，其伏安特性如图 1-28（b）；若 $u_s(t)$ 为一特定的时间函数时，则称为时变电压源。比如当 $u_s(t)$ 是正弦函数时，就是一个正弦电压源。

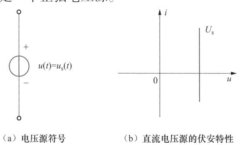

（a）电压源符号　　　　（b）直流电压源的伏安特性

图 1-28　电压源的符号和伏安特性

实际应用中可以等效成直流电压源的电源有蓄电池、锂电池、镍氢电池，如图 1-29 所示。

（a）蓄电池　　　　　（b）锂电池　　　　　（c）镍氢电池

图 1-29　实际直流电压源举例

实际应用中可以等效成交流电压源有火力发电机、水力发电机、UPS 不间断电源设备等，如图 1-30 所示。其中，UPS 不间断电源设备是一类不会因短暂停电而中断，可以一直供应高品质电源、有效保护精密仪器的电源设备，可以输出稳定频率的电压，已广泛应用于应急照明系统、变电站、核电站等场所。

（a）火力发电机　　　　　　（b）水轮发电机　　　　　　（c）UPS

图 1-30　实际交流电压源举例

1.7.2　电流源

电流源是一个理想的有源二端电路元件，电流源的符号如图 1-31（a）所示，箭头所指的方向为 $i_s(t)$ 的参考方向。电流源的电流为

$$i(t) = i_s(t)$$

式中：$i_s(t)$ 为时间的函数。

电流源的外特性：①电流源中的电流是时间的函数，与外电路无关；②电流源的端电压由与之相连的外电路决定。理想电流源不允许开路。

当 i_s 为恒定值时，称为恒定电流源或直流电流源，用 I_s 来表示，其伏安特性如图 1-31（b）所示；当 $i_s(t)$ 为一特定的时间函数时，则称为时变电流源。

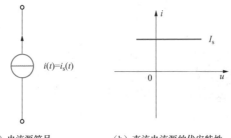

（a）电流源符号　　　　　　（b）直流电流源的伏安特性

图 1-31　电流源的符号和伏安特性

实际应用中，如燃料电池、太阳能电池、储能电容器等（见图1-32），工作特性比较接近直流电流源，其电路模型可用电阻和直流电流源的并联组合。另外，有专门设计的电子电路可用作实际电流源。

 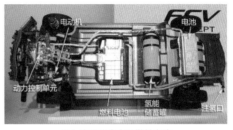

（a）太阳能电池板　　　　　　（b）电动汽车中的燃料电池

图1-32　实际电流源举例

1.8

基尔霍夫定律

基尔霍夫定律包括基尔霍夫电流定律和基尔霍夫电压定律，反映了电路中各支路电压、电流之间的约束关系。基尔霍夫定律是整个电路理论的基础，是分析计算电路的基本依据。

在介绍基尔霍夫定律前，先对相关概念做出解释，并以图1-33为例说明。

（1）支路。流过同一电流的电路分支称为支路。在图1-33中有3条支路，分别为R_1和电压源U_1串接成的1条支路、R_2和电压源U_2串接成的1条支路、R_3单独构成的1条支路。

（2）节点。三条及以上支路的连接点称为节点。在图1-33中有2个节点分别是A和B。

（3）回路。支路组成的闭合路径称为回路。在图1-33中有3个回路，任意两条支路构成1个回路。

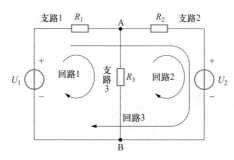

图 1-33　电路图

1.8.1　基尔霍夫电流定律（KCL）

基尔霍夫电流定律是在任一时刻，流出任一封闭面（或节点）的电流的代数和恒等于零。基尔霍夫电流定律又称基尔霍夫第一定律，简写为 KCL，说明的是电路中任一封闭面或任一节点上各支路电流间的约束关系。KCL 的数学表达式为

$$\sum_{k=1}^{b} i_k = 0 \qquad\qquad （1\text{-}19）$$

式中：b 为所讨论的封闭面（或节点）相关联的支路数。

若以流入封闭面（或节点）的电流为正，则流出封闭面（或节点）的电流为负；或以流出的电流为正，则流入的电流为负。对图 1-34（a）所示的电路，写出节点 N 的 KCL 方程为

$$i_1 + i_2 + i_3 - i_4 = 0$$

对图 1-34（b）所示的电路，写出封闭面的 KCL 方程为

$$i_1 + i_2 + i_3 + i_4 = 0$$

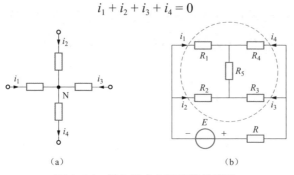

（a）　　　　　　　　　　　（b）

图 1-34　基尔霍夫电流定律的说明

基尔霍夫电流定律是电荷守恒原理在电路中的具体体现，是电流连续性原理的必然结果。

【例1-9】根据图1-35所示电路，写出所有节点的KCL方程。

解：对于节点N1，KCL方程为

$$i_1 + i_2 - i = 0$$

对于节点N2，KCL方程为

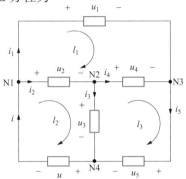

图1-35 〔例1-9〕图

$$i_3 + i_4 - i_2 = 0$$

对于节点N3，KCL方程为

$$i_1 + i_4 - i_5 = 0$$

对于节点N4，KCL方程为

$$i_3 + i_5 - i = 0$$

【例1-10】如图1-36所示二端口网络，已知$I_1 = 1A$，$I_2 = 3A$，求流过电阻R的电流I。

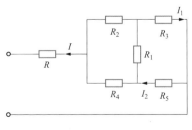

图1-36 〔例1-10〕图

解：在图 1-36 所示电路中找到封闭面，用虚线标出，如图 1-37 所示。

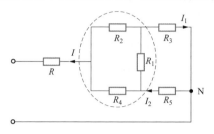

图 1-37　［例 1-10］图的封闭面

列出 KCL 方程

$$I_2 = I + I_1$$

则流过电阻 R 的电流

$$I = I_2 - I_1 = 3 - 1 = 2 \text{（A）}$$

此题还可在节点 N 列写 KCL 方程求解。

1.8.2　基尔霍夫电压定律（KVL）

基尔霍夫电压定律的内容是在任一时刻，沿电路中任一闭合回路的绕行方向，各支路电压降的代数和等于零。基尔霍夫电压定律又称为基尔霍夫第二定律，简写为 KVL，说明的是电路中任一回路的各支路电压间的约束关系。KVL 的数学表达式为

$$\sum_{k=1}^{b} u_k = 0 \tag{1-20}$$

式中：b 为所讨论的回路含有的支路数，与回路绕行方向一致的支路电压取正号，反之则取负号。

在图 1-38 所示的电路中，回路的绕行方向（简称回路方向）用箭头表示，可写出该回路的 KVL 方程为

$$U_1 - U_2 + U_3 - U_4 - U_5 - U_6 = 0$$

基尔霍夫电压定律是能量守恒原理在电路中的具体体现。

【例 1-11】在图 1-39 所示电路中，已知 $U_{s1} = 36\text{V}$，$U_{s2} = 6\text{V}$，$R_1 = 4\Omega$，$I =$

5A，求电路的端电压 U_{AD}。

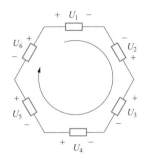

图 1-38　基尔霍夫电压定律的说明

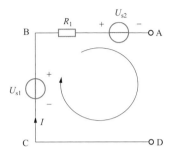

图 1-39　［例 1-11］图

解：对闭合路径 ABCD 应用 KVL，可得

$$U_{AD} - U_{s1} + R_1 I + U_{s2} = 0$$

从而求得

$$U_{AD} = U_{s1} - U_{s2} - R_1 I = 36 - 6 - 4 \times 5 = 10(\text{V})$$

【例 1-12】在图 1-40 所示电路中，已知 $U_1 = 3\text{V}$，$U_2 = -3\text{V}$，$U_3 = -8\text{V}$，求 U。

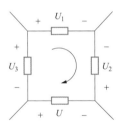

图 1-40　［例 1-12］图

解：列出 KVL 方程为

$$U_1 - U_2 - U - U_3 = 0$$

将给定的电压数值带入，可求得

$$U = U_1 - U_2 - U_3 = 14(\text{V})$$

小结

　　本章所介绍的电路的基本原理和电路元件的特性是分析、求解电路的基本依据，也是电力系统相关设备的基本模型。

　　本章阐述了电压、电流、功率、电能、电阻元件、电感元件、电容元件、电压源和电流源、基尔霍夫电流定律和电压定律。本章介绍了电力系统电压等级和上海地区特高压工程投运情况，介绍了接地和等电位的意义和应用，介绍了光伏用户电量及电费计算的内容，介绍了不同性能的材料、温度对电阻的影响等内容。

习题与思考题

1-1 若在 4s 的时间内，有 10C 的负电荷均匀地由一段导线的 a 端流向 b 端，则导线中的电流 I_{ab} 为多少（不考虑电荷从 a 移动到 b 所需要的时间）？

1-2 已知 U_{ab}=12V，若将 5C 的正电荷从 b 点移到 a 点，电场力做的功为多少？

1-3 已知电路中 a、b 两点的电位分别为 V_a= –10V，V_b= –22V，试问 U_{ab} 等于多少？ a、b 两点间电压的方向如何？

1-4 计算图 1-41 所示各二端网络 N 吸收或发出的功率。

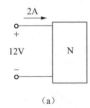
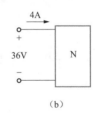
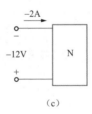
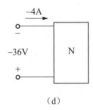

（a）　　　　　　　（b）　　　　　　　（c）　　　　　　　（d）

图 1-41 题 1-4 图

1-5　额定值为 **0.5W、0.2A** 的碳膜电阻，其额定电流是多少？允许加在它两端的最大电压是多少？在它的两端外加 **2V** 电压时，其所消耗的功率是多少？

1-6　一段导线的电阻为 **3.6Ω**，若把它均分成 **3** 段，并接起来作为一条导线用，电阻变为多少？若将它均匀拉长为原长度的 **2** 倍，电阻又变为多少？

1-7　试求出图 **1-42** 所示电路中的电流 I_1、I_2、I_3 和 I_4。

1-8　请列出图 **1-43** 中回路 **I** 和回路 **II** 的 **KVL** 方程。

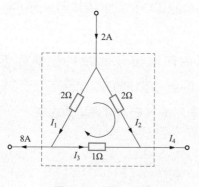

图 1-42　题 1-7 图

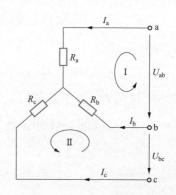

图 1-43　题 1-8 图

第2章 | **CHAPTER TWO**

线性电阻电路分析

02

　　本章围绕线性电阻电路介绍基本变换、基本分析方法与基本定理以及动态电路的暂态分析，重点阐述了直流电路中电阻串并联、电阻的Y-△变换、电源等效变换等基本变换，支路电流法、回路电流法、节点电压法三个基本分析方法，叠加定理与戴维南定理两个基本定理，以及动态电路的过渡过程和一阶电路的暂态分析。本章知识是线性电阻电路分析与计算的重要理论，也将为后续正弦稳态电路的分析计算奠定基础。

国网上海市电力公司电力专业实用基础知识系列教材

电路基础

2.1

电阻的串联、并联和混联

2.1.1　等效变换

二端网络是指仅有两端与外部相连的电路，从这两个端钮中的一端流出的电流与另一端流入的电流相等。这样的两个端钮称为一个端口，因此二端网络也称一端口网络。

两个二端网络 N1、N2 如图 2-1 所示，当它们与同一个外部电路相接，在相接端点处的电压与电流之间的关系完全相同时，则 N1 与 N2 为相互等效的二端网络，两个等效网络对外部电路具有相同的伏安特性。对电路进行分析和计算时，有时可以将电路某部分简化，即用一个较为简单的电路替代原电路，即等效变换。简化后的电路称为等效电路。等效变换后，未被替代部分电路的电压和电流均应保持不变。用等效电路的方法求解电路时，电压和电流保持不变部分仅限于等效电路以外。

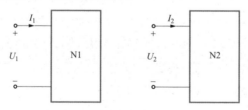

图 2-1　二端网络的等效变换

2.1.2　电阻的串联

若干个电阻一个接一个地依次相连，构成一条电流通路，通过各电阻的电流相同，这种连接方式称为电阻的串联。图 2-2（a）为三个电阻 R_1、R_2、R_3 的串联电路，根据 KVL 和欧姆定律，有

$$U = U_1 + U_2 + U_3 = (R_1 + R_2 + R_3)I = R_{eq}I \qquad （2-1）$$

$$R_{eq} = R_1 + R_2 + R_3$$

式中：R_{eq} 为等效电阻，即多个电阻串联电路可以用一个电阻 R_{eq} 电路等效替代，等效电阻等于各串联电阻之和。

图 2-2（a）所示电路可等效为图 2-2（b）所示电路。

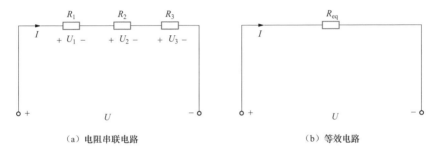

（a）电阻串联电路　　　　　　　　　　　　（b）等效电路

图 2-2　电阻的串联

电阻串联电路中，各电阻上的电压可用分压公式计算，有

$$\left. \begin{array}{l} U_1 = R_1 I = \dfrac{R_1}{R_{eq}} U \\[2mm] U_2 = R_2 I = \dfrac{R_2}{R_{eq}} U \\[2mm] U_3 = R_3 I = \dfrac{R_3}{R_{eq}} U \end{array} \right\} \qquad （2-2）$$

式（2-2）说明各电阻分配的电压与其电阻成正比。

各电阻消耗的功率为

$$\left. \begin{array}{l} P_1 = IU_1 = I^2 R_1 \\ P_2 = IU_2 = I^2 R_2 \\ P_3 = IU_3 = I^2 R_3 \end{array} \right\} \qquad （2-3）$$

式（2-3）说明电阻串联电路中各电阻消耗的功率与其电阻成正比。

【例 2-1】用一只内阻为 $R_1 = 1800\Omega$，量程为 $U_1 = 150V$ 的电压表，测量

$U = 600\text{V}$ 的电压，试求必须串接上多少欧姆的电阻 R_2?

解：如图 2-3 所示，利用串联电阻的分压原理，电压表串联一个电阻可以扩大电表的量程。因 R_1 和 R_2 串联，通过各电阻的电流相同，则

$$I = \frac{U_1}{R_1} = \frac{150}{1800} \approx 0.083(\text{A})$$

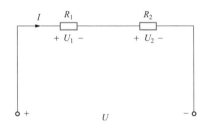

图 2-3 ［例 2-1］图

因串联电路中，电路总电压等于各电阻电压之和，则

$$R_2 = \frac{U_2}{I} = \frac{U - U_1}{I} = \frac{600 - 150}{\dfrac{150}{1800}} = 5400(\Omega)$$

【例 2-2】一盏额定电压为 $U_1 = 60\text{V}$，额定电流为 $I = 5\text{A}$ 的电灯，应该怎样将它接入电压 $U = 220\text{V}$ 照明电路中?

解：将电灯（设电阻为 R_1）与一只分压电阻 R_2 串联后，接入 $U = 220\text{V}$ 电源上，如图 2-4 所示。

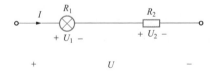

图 2-4 ［例 2-2］图

分压电阻 R_2 上的电压为

$$U_2 = U - U_1 = 220 - 60 = 160(\text{V})$$

且 $U_2 = R_2 I$。因为 $U_2 = RI$，则分压电阻 R_2 为

$$R_2 = \frac{U_2}{I} = \frac{160}{5} = 32(\Omega)$$

2.1.3 电阻的并联

若干个电阻的两端分别连接在一起，构成一个具有两个节点和多条支路的二端电路，各电阻两端电压相同，这种连接方式称为电阻的并联。图2-5（a）为三个电阻 R_1、R_2、R_3 并联的电路，根据 KVL 和欧姆定律，有

$$I = I_1 + I_2 + I_3 = \frac{U}{R_1} + \frac{U}{R_2} + \frac{U}{R_3} = \left(\frac{1}{R_1} + \frac{1}{R_2} + \frac{1}{R_3}\right)U = \frac{1}{R_{eq}}U \quad （2\text{-}4）$$

$$\frac{1}{R_{eq}} = \frac{1}{R_1} + \frac{1}{R_2} + \frac{1}{R_3}$$

式中：R_{eq} 为等效电阻，即多个电阻并联电路可以用一个电阻 R_{eq} 电路等效替代，等效电阻的倒数等于各并联电阻倒数之和。

图 2-5（a）所示电路可等效为图 2-5（b）所示电路。

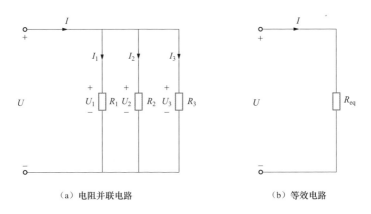

（a）电阻并联电路　　　　　　　　　　（b）等效电路

图 2-5　电阻的并联

根据电导的概念，令 $G_{eq} = \frac{1}{R_{eq}}$、$G_1 = \frac{1}{R_1}$、$G_2 = \frac{1}{R_2}$、$G_3 = \frac{1}{R_3}$，可得电阻并联电路的等效电导等于各并联电导之和，即

$$G_{eq} = G_1 + G_2 + G_3 \quad （2\text{-}5）$$

电阻并联电路中，各电阻的电流可用分流公式计算，得

$$
\left.
\begin{aligned}
I_1 &= \frac{U}{R_1} = \frac{R_{eq}}{R_1} I = \frac{G_1}{G_{eq}} I \\
I_2 &= \frac{U}{R_2} = \frac{R_{eq}}{R_2} I = \frac{G_2}{G_{eq}} I \\
I_3 &= \frac{U}{R_3} = \frac{R_{eq}}{R_3} I = \frac{G_3}{G_{eq}} I
\end{aligned}
\right\}
\tag{2-6}
$$

式（2-6）说明各并联电阻的电流分配与其电导成正比，与其电阻成反比。

各电阻消耗的功率为

$$
\left.
\begin{aligned}
P_1 &= I_1 U = \frac{U^2}{R_1} = G_1 U^2 \\
P_2 &= I_2 U = \frac{U^2}{R_2} = G_2 U^2 \\
P_3 &= I_3 U = \frac{U^2}{R_3} = G_3 U^2
\end{aligned}
\right\}
\tag{2-7}
$$

式（2-7）说明电阻并联电路中各电阻消耗的功率与其电导成正比，与其电阻反比。

【例 2-3】如图 2-6 所示，有一只最大量程 I_1 为 100μA 的电流表，内阻 R_1 为 1000Ω，如果将其改装成最大量程 I 为 10mA 的毫安表，应并联一个多大的电阻 R_2？

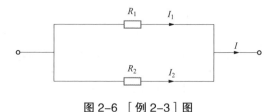

图 2-6　[例 2-3]图

解：利用并联电阻可以分流的原理，电流表并联一个电阻可以扩大了量程。因 R_1 和 R_2 并联，电路总电流等于各电阻电流之和，则

$$I_2 = I - I_1 = 10^4 - 100 = 9900(\mu A)$$

并联电阻的大小为

$$R_2 = \frac{U_2}{I_2} = \frac{R_1 I_1}{I_2} = \frac{1000 \times 100}{9900} \approx 10.1(\Omega)$$

2.1.4　电阻的混联

当电阻的连接方式中既有串联又有并联时，称为电阻的串并联，也称混联。混联电路如图 2-7（a）所示，R_3 与 R_4 串联后与 R_2 并联，再与 R_1 串联，可用图 2-7（b）所示电路等效变换。

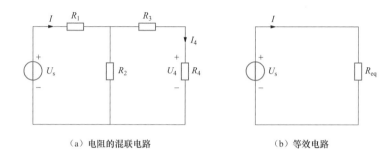

（a）电阻的混联电路　　　　　　　　（b）等效电路

图 2-7　电阻的串并联

【例 2-4】求图 2-7（a）所示电路中的电阻 R_4 上的电压，已知 $U_s = 4V$，$R_1 = R_3 = R_4 = 1\Omega$，$R_2 = 2\Omega$。

解：R_3 与 R_4 串联后与 R_2 并联，再与 R_1 串联，得等效电阻为

$$R_{eq} = R_1 + \frac{R_2(R_3 + R_4)}{R_2 + (R_3 + R_4)} = 2\Omega$$

图 2-7（b）为图 2-7（a）的等效电路，其总电流为

$$I = \frac{U_s}{R_{eq}} = 2A$$

应用分流公式，得电阻 R_4 上的电流为

$$I_4 = \frac{R_2}{R_2 + (R_3 + R_4)} I = 1A$$

电阻 R_4 上的电压为

$$U_4 = R_4 I_4 = 1\text{V}$$

【例 2-5】求图 2-8 所示电路电流表中流过的电流，图中 $U = 10\text{V}$，电阻均为 10Ω。

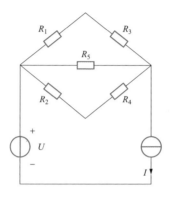

图 2-8 ［例 2-5］图

解：R_1 与 R_3 串联

$$R_{13} = R_1 + R_3 = 10 + 10 = 20(\Omega)$$

R_2 与 R_4 串联

$$R_{24} = R_2 + R_4 = 10 + 10 = 20(\Omega)$$

R_{13} 与 R_{24} 并联

$$R_0 = \frac{R_{13}R_{24}}{R_{13} + R_{24}} = \frac{20 \times 20}{20 + 20} = 10(\Omega)$$

R_0 与 R_5 并联

$$R_{eq} = \frac{R_0 R_5}{R_0 + R_5} = \frac{10 \times 10}{10 + 10} = 5(\Omega)$$

电流表中流过的电流为

$$I = \frac{U}{R_{eq}} = \frac{10}{5} = 2(\text{A})$$

【例 2-6】如图 2-9 所示分压器，其电阻值 $R = 100\Omega$，额定电流 $I_N = 3\text{A}$，

现在要与一个负载电阻 R_f 并接，已知分压器平分为四个相等部分，电阻值分别为 $R_1 \sim R_4$，负载电阻 $R_f = 50\Omega$，电源电压 $U = 220\text{V}$。求滑动触头在 2 号位置时负载电阻两端电压 U_f 和分压器通过的电流是否超过其额定值？

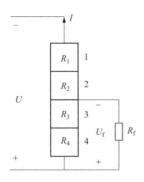

图 2-9　[例 2-6] 图

解：图 2-9 所示分压器可以看成四个电阻串联，其阻值分别为

$$R_1 = R_2 = R_3 = R_4 = \frac{R}{4} = \frac{100}{4} = 25(\Omega)$$

设 R_{12} 为电阻 R_1、R_2 串联之和，R_{34} 为电阻 R_3、R_4 串联之和，则

$$R_{12} = 25 + 25 = 50(\Omega)$$

$$R_{34} = 25 + 25 = 50(\Omega)$$

当滑动触头在 2 号位置时，电阻 R_{34} 与电阻 R_f 并联，电路总电阻为

$$R = \frac{R_f R_{34}}{R_f + R_{34}} + R_{12} = \frac{50 \times 50}{50 + 50} + 50 = 75(\Omega)$$

分压器通过的电流为

$$I = \frac{U}{R} = \frac{220}{75} \approx 2.93(\text{A})$$

因 $I \approx 2.93\text{A} < 3\text{A}$，故分压器通过的电流不超过额定值。

负载电阻两端电压为

$$U_f = I \frac{R_f R_{34}}{R_f + R_{34}} = \frac{220}{75} \times \frac{50 \times 50}{50 + 50} \approx 73.33(\text{V})$$

电阻的星形连接和三角形连接

　　三个电阻各有一端连接在一个公共节点上，而另一端分别接电路的三个节点上，这种连接方式称为电阻的星形（Y形）连接，如图 2-10（a）所示。

　　三个电阻依次首尾相接，三个连接点接在电路的三个节点上，这种连接方式称为电阻的三角形（△形）连接，如图 2-10（b）所示。

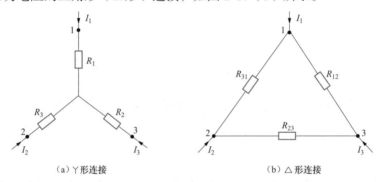

（a）Y形连接　　　　　　　　　（b）△形连接

图 2-10　电阻的 Y 形连接和△形连接

　　当图 2-10 中两网络具有相同外特性，即对应的端点间的电压与对应的支路电流关系相同时，可互相等效变换。根据 KCL、KVL 及两网络对外相同伏安特性，得从 Y 形连接变换为△形连接的等效条件为

$$\left.\begin{aligned}
R_{12} &= \frac{R_1 R_2 + R_2 R_3 + R_3 R_1}{R_3} = R_1 + R_2 + \frac{R_1 R_2}{R_3} \\
R_{23} &= \frac{R_1 R_2 + R_2 R_3 + R_3 R_1}{R_1} = R_2 + R_3 + \frac{R_2 R_3}{R_1} \\
R_{31} &= \frac{R_1 R_2 + R_2 R_3 + R_3 R_1}{R_2} = R_3 + R_1 + \frac{R_3 R_1}{R_2}
\end{aligned}\right\} \qquad (2\text{-}8)$$

由式（2-8）得从△形连接变换为Y形连接的等效条件为

$$R_1 = \frac{R_{12}R_{31}}{R_{12} + R_{23} + R_{31}}$$
$$R_2 = \frac{R_{23}R_{12}}{R_{12} + R_{23} + R_{31}} \Bigg\} \qquad (2\text{-}9)$$
$$R_3 = \frac{R_{31}R_{23}}{R_{12} + R_{23} + R_{31}}$$

为了便于记忆，式（2-8）和式（2-9）可归纳为

$$Y形连接电阻 = \frac{△形连接中相邻两电阻的乘积}{△形连接中电阻之和}$$

$$△形连接电阻 = \frac{Y形连接中两两电阻的乘积之和}{Y形连接中对面的电阻}$$

若Y形连接的三个电阻相等，即 $R_1 = R_2 = R_3$，则等效△形连接的三个电阻也必然相等，即 $R_{12} = R_{23} = R_{31}$，且有

$$R_\triangle = 3R_Y \qquad (2\text{-}10)$$

反之

$$R_Y = \frac{1}{3}R_\triangle \qquad (2\text{-}11)$$

【例 2-7】求图 2-11 所示无源二端电阻网络的等效电阻。

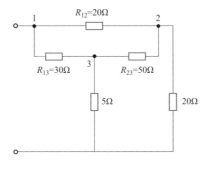

图 2-11 ［例 2-7］图

解：图 2-11 中电阻 R_{12}、R_{23}、R_{31} 构成 △ 形连接，等效变换为 Y 形连接，如图 2-12 所示。

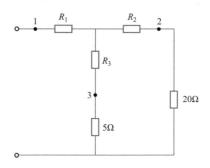

图 2-12　△ -Y 等效变换

$$R_1 = \frac{R_{12}R_{31}}{R_{12}+R_{23}+R_{31}} = \frac{20\times30}{20+30+50} = 6(\Omega)$$

$$R_2 = \frac{R_{23}R_{12}}{R_{12}+R_{23}+R_{31}} = \frac{20\times50}{20+30+50} = 10(\Omega)$$

$$R_3 = \frac{R_{31}R_{23}}{R_{12}+R_{23}+R_{31}} = \frac{30\times50}{20+30+50} = 15(\Omega)$$

等效电阻为

$$R_{eq} = R_1 + \frac{(R_2+20)\times(R_3+5)}{(R_2+20)+(R_3+5)} = 6+12 = 18(\Omega)$$

【例 2-8】图 2-13 所示为一复杂直流电阻电路，已知 $R_1 = R_2 = R_3 = R_4 = R_5 = 6\Omega$，试求电路中 A、B 两点的等效电阻。

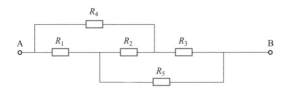

图 2-13　［例 2-8］图

解：将 R_1、R_2、R_4 进行 △ - Y 变换，如图 2-14 所示。

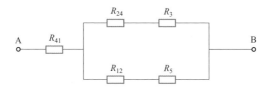

图 2-14　对图 2-13 进行 △ –Y 等效变换

因 $R_1 = R_2 = R_4$，$R_Y = \dfrac{1}{3}R_\triangle$，$R_{12} = R_{24} = R_{41} = 2\Omega$

$$R_{AB} = R_{41} + \frac{(R_{24} + R_3)(R_{12} + R_5)}{(R_{24} + R_3) + (R_{12} + R_5)} = 2 + \frac{(2+6)\times(2+6)}{(2+6)+(2+6)} = 6(\Omega)$$

2.3

两 种 电 源 模 型

　　实际电源一般存在内电阻，其端电压随着流过它的电流的变化而变化。因此，根据伏安特性，其电路模型可以用两种形式表示：①电压源 U_s 和电阻 R 组成的串联电路的形式，如图 2-15（a）所示；②电流源 I_s 与电导 G 组成的并联电路的形式，如图 2-15（b）所示。

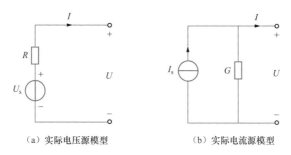

（a）实际电压源模型　　　　　（b）实际电流源模型

图 2-15　实际电源模型

图 2-15（a）所示电压源模型的伏安关系为

$$U = U_s - RI \qquad (2\text{-}12)$$

图 2-15（b）所示电流源模型的伏安关系为

$$I = I_s - GU \qquad (2\text{-}13)$$

根据式（2-12）和式（2-13）可得两种组合等效的条件，即

$$\left.\begin{array}{l} U_s = RI_s \\ G = \dfrac{1}{R} \end{array}\right\} \qquad (2\text{-}14)$$

因此，只要满足式（2-14），电压源、电阻的串联组合与电流源、电导的并联组合两种实际电源模型之间可以互相等效变换。两种电源模型的等效变换仅对外电路等效，对电源模型内部并不等效。在进行等效互换时，电流源电流 I_s 的参考方向由电压源电压 U_s 参考极性的负极指向正极。

【例 2-9】图 2-16 所示电路中，已知 $U_s = 10\text{V}$，$R_1 = R_1 = 2\Omega$，$R_3 = 1\Omega$。求电流 I。

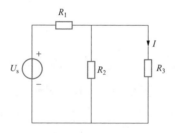

图 2-16 ［例 2-9］图

解：等效变换时一般应将所求支路保留在外部，利用等效变换简化后得到等效电路如图 2-17 所示。

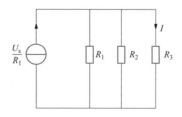

图 2-17 电源等效变换

R_1 和 R_2 并联的电阻为

$$R_{12} = \frac{R_1 R_2}{R_1 + R_2} = 1\Omega$$

由 R_1、R_2、R_3 并联可知端电压相等

$$R_3 I = \left(\frac{U_s}{R_1} - I \right) R_{12} = \frac{U_s}{R_1} R_{12} - I R_{12}$$

那么流过电阻 R_3 的电流为

$$I = \frac{U_s}{R_1} \frac{R_{12}}{R_3 + R_{12}} = 2.5\text{A}$$

【例 2-10】如图 2-18 所示的电路，已知 $U_1 = 12\text{V}$，$U_2 = 6\text{V}$，$R_1 = 3\Omega$，$R_2 = 6\Omega$，$R_3 = 10\Omega$，试用电源等效变换法求电阻 R_3 中的电流。

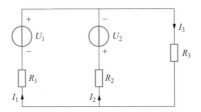

图 2-18 ［例 2-10］图

解：先将两个电压源等效变换成两个电流源，如图 2-19 所示。

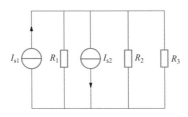

图 2-19 两个电压源等效成两个电流源

两个电流源电流分别为

$$I_{s1} = \frac{U_1}{R_1} = 4\text{A}, \quad I_{s2} = \frac{U_2}{R_2} = 1\text{A}$$

将两个电流源合并为一个电流源，得到最简等效电路，如图 2-20 所示。

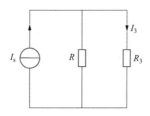

图 2-20　图 2-18 的最简等效电路

等效电流源的电流

$$I_s = I_{s1} - I_{s2} = 3A$$

等效电阻

$$R = \frac{R_1 R_2}{R_1 + R_2} = 2\Omega$$

故流过 R_3 中的电流为

$$I_3 = \frac{R}{R_3 + R} I_s = 0.5A$$

支 路 电 流 法

支路电流法是以支路电流为变量，列写独立节点的 KCL 方程以及独立回路的 KCV 方程而求解电路的分析方法。对于一个具有 b 条支路和 n 个节点的电路，支路电流法是以 b 个支路电流为未知量，建立 b 个未知量的独立方程组。本节以图 2-21 所示电路为例介绍支路电流法。

图 2-21 所示电路中有 3 条支路，设各支路电流分别为 I_1、I_2、I_3，并选取图中标注的方向为参考方向。

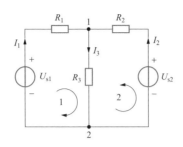

图 2-21 支路电流法

对节点 1 和节点 2 列写 KCL 方程，得

$$\left.\begin{array}{l} -I_1 - I_2 + I_3 = 0 \\ I_1 + I_2 - I_3 = 0 \end{array}\right\} \tag{2-15}$$

式（2-15）中，两个 KCL 方程不是独立方程，因此具有两个节点的电路，其独立的节点电流方程只有一个。这个结论可推广到一般情况，即具有 n 个节点的电路，其独立的节点电流方程数为 $n-1$ 个，也就是说电路的独立节点数为 $n-1$ 个。

选择回路方向如图 2-21 所示，对图中两回路列写 KVL 方程，得

$$\left.\begin{array}{l} R_1 I_1 + R_3 I_3 = U_{s1} \\ R_2 I_2 + R_3 I_3 = U_{s2} \end{array}\right\} \tag{2-16}$$

式（2-16）中，两个 KVL 方程彼此独立。图 2-21 所取电路的两个单孔回路，称为网孔。网孔是电路中不含有其他回路的回路，取网孔作为列方程的回路，能保证所列的回路电压方程是独立的。对于具有 n 个节点，b 条支路的电路，有 $l = b - (n-1)$ 个独立回路，而平面回路的网孔数即为独立回路数。

在电路参数和电源参数已知的情况下，由式（2-15）和式（2-16）中 3 个独立方程便可求得 3 个支路电流 I_1、I_2、I_3，再由支路电流求得其他待求变量。

综上所述，应用支路电流法分析计算电路的一般步骤为：

（1）规定各支路电流的参考方向。

（2）根据 KCL，对 $n-1$ 个独立节点列方程。

（3）选取 $l = b - (n-1)$ 个独立回路，指定回路方向，列出 KVL 方程为

$\sum R_k I_k = \sum U_{sk}$，式中，等式左侧表示某回路所有电阻电压降的代数和，当 I_k 参考方向与回路方向一致时，$R_k I_k$ 的前面取正号；反之，取负号。等式右侧表示回路中所有电压源电压升的代数和，当电压源电压参考方向与回路方向一致时，U_{sk} 前面取负号；反之，取正号。特殊情况下，如果电路某支路含有电流源，那么该支路电流已知，但支路电压不能通过支路电流表示，需要额外加一个辅助方程解决（如［例 2-12］）。

（4）解方程，求解支路电流，再用支路特性求出支路电压。

【例 2-11】如图 2-22 所示，已知 $R_1 = 10\Omega$，$R_2 = 3\Omega$，$R_3 = R_4 = 2\Omega$，$I_s = 3A$，$U_1 = 6V$，$U_2 = 10V$。求电路中的电流 I_1、I_2、I_3 的值。

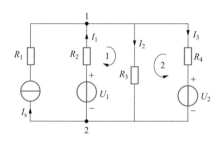

图 2-22　［例 2-11］图

解：该电路有 4 条支路，由于 R_3 和 I_s 串联，根据电流源的外特性可知，不会改变此支路中的电流的大小，所以这条支路中电流仍为 3A。

用支路电流法列出 KCL 和 KVL 方程为

$$\left.\begin{array}{l} I_1 + I_s = I_2 + I_3 \\ I_1 R_2 + I_2 R_3 = U_1 \\ I_2 R_3 - I_3 R_4 = U_2 \end{array}\right\}$$

将已知数代入上式，得

$$\left.\begin{array}{l} I_1 + 3 = I_2 + I_3 \\ I_1 \times 3 + I_2 \times 2 = 6 \\ I_2 \times 2 - I_3 \times 2 = 10 \end{array}\right\}$$

解得

$$\left.\begin{array}{c} I_1 = -0.5\text{A} \\ I_2 = 3.75\text{A} \\ I_3 = -1.25\text{A} \end{array}\right\}$$

【例 2-12】求图 2-23 所示电路中的各支路电流和电流源 I_s 两端的电压 U。已知 $R_1 = 1\Omega$，$R_2 = 6\Omega$，$R_3 = 2\Omega$，$R_4 = 5\Omega$，电压源电压 $U_{s1} = 15\text{V}$，电流源电流 $I_s = 1\text{A}$。

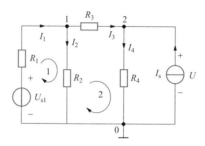

图 2-23 ［例 2-12］图

解：此电路有 5 个支路（电流源独立构成一支路），由于电流源支路中的电流 I_s 是已知的，所以只有 4 个未知电流。设各支路电路方向，回路 1 和 2 的参考方向如图 2-23 所示。

对节点 1、2 列写 KCL 方程，有

$$\left.\begin{array}{c} -I_1 + I_2 + I_3 = 0 \\ -I_3 + I_4 - I_s = 0 \end{array}\right\}$$

对回路 1、2，列写回路 KVL 方程，有

$$\left.\begin{array}{c} R_1 I_1 + R_2 I_2 = U_{s1} \\ -R_2 I_2 + R_3 I_3 + R_4 I_4 = 0 \end{array}\right\}$$

代入数字，得

$$\left.\begin{array}{c} -I_1 + I_2 + I_3 = 0 \\ -I_3 + I_4 = 1 \\ I_1 + 6I_2 = 15 \\ -6I_2 + 2I_3 + 5I_4 = 0 \end{array}\right\}$$

解得

$$\left.\begin{array}{l} I_1 = 3\text{A} \\ I_2 = 2\text{A} \\ I_3 = 1\text{A} \\ I_4 = 2\text{A} \end{array}\right\}$$

电流源电压不能直接写出，需要用辅助方程，即

$$U = R_4 I_4 = 5 \times 2 = 10(\text{V})$$

回路电流法

回路电流是指回路中流动的假想电流。列电路方程时，只需列写回路电压方程，就可解出各回路电流，进而求出各支路电流。对于一个具有 b 条支路和 n 个节点的电路，回路电流法是以 $l = b - (n - 1)$ 个独立回路电流为未知量，建立 l 个未知量的独立方程组，联立求解回路电流。本节以图 2-24 所示电路为例，说明回路电流法的应用。

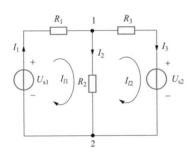

图 2-24　回路电流法

设电路的独立回路电流分别为 I_{l1}、I_{l2}，选取参考方向如图 2-24 所示。

对回路 $l1$ 和回路 $l2$ 列写 KVL 方程得

$$\left.\begin{array}{c}(R_1 + R_2)I_{l1} - R_2 I_{l2} = U_{s1} \\ -R_2 I_{l1} + (R_2 + R_3)I_{l2} = -U_{s2}\end{array}\right\} \qquad (2\text{-}17)$$

其中，选择独立回路列出的方程是独立的。

一个回路中所有电阻之和称为该回路的自阻，自阻总是取正值。两个回路的公共电阻称为互阻，当两回路电流流经互阻时方向一致，则取正值；反之，则取负值。

设 R_{11}、R_{22} 为回路 $l1$、$l2$ 的自阻，回路 $l1$ 和回路 $l2$ 的互阻为 R_2，可用 R_{12} 和 R_{21} 表示，则有 $R_{11} = R_1 + R_2$、$R_{22} = R_2 + R_3$，$R_{12} = R_{21} = -R_2$。回路 $l1$ 和回路 $l2$ 中的电压源的代数和分别用 U_{s11} 和 U_{s22} 来表示，因此，双独立回路的回路电流方程的一般形式为

$$\left.\begin{array}{c}R_{11}I_{l1} + R_{12}I_{l2} = U_{s11} \\ R_{21}I_{l1} + R_{22}I_{l2} = U_{s22}\end{array}\right\} \qquad (2\text{-}18)$$

其中，等号边为回路中电阻上电压的代数和，右边为回路中电压源电压的代数和。自阻电压总是正的，当两个回路电流流经互阻时的参考方向一致互阻电压取正、相反互阻电压取负；当电压源参考方向与回路绕行方向一致取负，反之取正。电压源还应包括电流源和电阻并联组合等效变换成的电压源。

在电路参数和电源参数已知的情况下，由式（2-18）2 个独立方程便可求得 2 个回路电流 I_{l1}、I_{l2}，再据此求得其他待求变量。

综上所述，应用回路电流法分析计算一般步骤为：

（1）取 $l = b - (n-1)$ 个独立回路，设定回路电流方向。平面电路中的网孔为一组独立回路，网孔数等于独立回路数。

（2）根据 KVL，对 $l = b - (n-1)$ 个独立回路列方程，方程的左边是回路中各电阻上的电压之和，右边是电源电压之和。

（3）联立回路电流方程进行求解，求得回路电流。

（4）选定各支路电流的参考方向，求得支路电流。各支路电流为相关回路电流的代数和。

【例 2-13】试列出图 2-25 所示电路的回路电流方程。

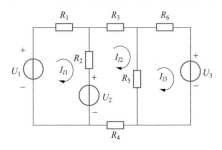

图 2-25　［例 2-13］图

解：独立回路及回路电流方向的选取如图 2-25 所示，因此回路 KVL 方程为

$$\left.\begin{array}{l} R_{11}I_{l1} + R_{12}I_{l2} + R_{13}I_{l3} = U_1 - U_2 \\ R_{21}I_{l1} + R_{22}I_{l2} + R_{23}I_{l3} = U_2 \\ R_{31}I_{l1} + R_{32}I_{l2} + R_{33}I_{l3} = -U_3 \end{array}\right\}$$

其中，自阻为

$$R_{11} = R_1 + R_2, \quad R_{22} = R_2 + R_3 + R_4 + R_5, \quad R_{33} = R_5 + R_6$$

互阻为

$$R_{12} = -R_2, \quad R_{13} = 0, \quad R_{21} = -R_2, \quad R_{23} = -R_5, \quad R_{31} = 0, \quad R_{32} = -R_5$$

代入上述方程组得

$$\left.\begin{array}{l} (R_1 + R_2)I_{l1} - R_2I_{l2} = U_1 - U_2 \\ -R_2I_{l1} + (R_2 + R_3 + R_4 + R_5)I_{l2} - R_5I_{l3} = U_2 \\ -R_5I_{l2} + (R_5 + R_6)I_{l3} = -U_3 \end{array}\right\}$$

【例 2-14】用回路分析法求图 2-26 所示电路中各电阻支路的电流 I_1、I_2、I_3 的值。

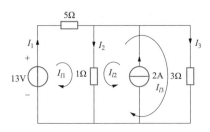

图 2-26　［例 2-14］图

解：独立回路及回路电流方向的选取如图 2-26 所示，回路电流 I_{l2} 由于无伴电流源支路电流已知，故回路电流 I_{l2} 也是已知的，因此回路 KVL 方程为

$$\left.\begin{array}{c}R_{11}I_{l1} + R_{12}I_{l2} + R_{13}I_{l3} = 13 \\ I_{l2} = 2 \\ R_{31}I_{l1} + R_{32}I_{l2} + R_{33}I_{l3} = 0\end{array}\right\}$$

其中，自阻为

$$R_{11} = 5 + 1 = 6(\Omega), \quad R_{33} = 1 + 3 = 4(\Omega)$$

互阻为

$$R_{12} = 1\Omega, \quad R_{13} = -1\Omega, \quad R_{31} = -1\Omega, \quad R_{32} = -1\Omega$$

代入上述方程组得

$$\left.\begin{array}{c}(5+1)I_{l1} + 1 \times I_{l2} - 1 \times I_{l3} = 13 \\ I_{l2} = 2 \\ -1 \times I_{l1} - 1 \times I_{l2} + (1+3)I_{l3} = 0\end{array}\right\}$$

解方程组得各回路电流得

$$\left.\begin{array}{c}I_{l1} = 2\text{A} \\ I_{l2} = 2\text{A} \\ I_{l3} = 1\text{A}\end{array}\right\}$$

各支路电流为

$$\left.\begin{array}{c}I_1 = I_{l1} = 2\text{A} \\ I_2 = I_{l1} + I_{l2} - I_{l3} = 3\text{A} \\ I_3 = I_{l3} = 1\text{A}\end{array}\right\}$$

2.6

节点电压法

在电路中任选一个节点作为参考节点，其电位设为零，其他节点与参

考节点之间的电压称为节点电压。节点电压法是以节点电压为未知量，根据 KCL 和欧姆定律，来建立电路方程、分析电路的方法，简称节点法。对于一个具有 b 条支路和 n 个节点的电路，节点电压法以 $n-1$ 个节点电压为未知量，建立 $n-1$ 个未知量的独立方程组。本节以图 2-27 所示电路为例，说明应用节点电压法求解电路的一般步骤。

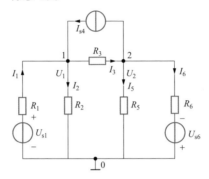

图 2-27 节点电压法

图 2-27 中电路有 3 个节点，选择节点 0 为参考节点，设节点 1、2 的节点电压分别为 U_1、U_2，各节点电压的参考方向为从各节点指向参考节点，各支路电流的参考方向如图 2-27 所示。

对节点 1、2 应用 KCL，列出节点电流方程，得

$$\left.\begin{array}{l} -I_1 + I_2 + I_3 - I_{s4} = 0 \\ -I_3 + I_5 + I_6 + I_{s4} = 0 \end{array}\right\} \tag{2-19}$$

根据 KVL 和欧姆定律，将各支路电流用节点电压表示，即

$$\left.\begin{array}{l} I_1 = \dfrac{U_{s1} - U_1}{R_1} = G_1(U_{s1} - U_1) \\[3mm] I_2 = \dfrac{U_1}{R_2} = G_2 U_1 \\[3mm] I_3 = \dfrac{U_1 - U_2}{R_3} = G_3(U_1 - U_2) \\[3mm] I_5 = \dfrac{U_2}{R_5} = G_5 U_2 \\[3mm] I_6 = \dfrac{U_{s6} + U_2}{R_6} = G_6(U_2 + U_{s6}) \end{array}\right\} \tag{2-20}$$

经移项整理后得

$$
\left.\begin{array}{l}
(G_1 + G_2 + G_3)U_1 - G_3U_2 = I_{s4} + G_1U_{s1} \\
-G_3U_1 + (G_3 + G_5 + G_6)U_2 = -I_{s4} - G_6U_{s6}
\end{array}\right\} \tag{2-21}
$$

与相应节点连接的所有支路电导之和称为自电导，自电导为正值；连接于两节点之间所有支路电导之和的负值称为互电导。

设 G_{11}、G_{22} 分别为节点 1 和节点 2 的自电导，G_{12}、G_{21} 分别为节点 1 与 2 的互电导；则有 $G_{11} = G_1 + G_2 + G_3$，$G_{22} = G_3 + G_5 + G_6$，$G_{12} = G_{21} = -G_3$；节点 1、2 连接的电流源的代数和分别用 I_{s11}、I_{s22} 表示。因此，两个独立节点的节点电压方程的一般形式为

$$
\left.\begin{array}{l}
G_{11}U_1 + G_{12}U_2 = I_{s11} \\
G_{21}U_1 + G_{22}U_2 = I_{s22}
\end{array}\right\} \tag{2-22}
$$

其中，等式左边为流入节点的各支路电流的代数和，右边为流入节点的电流源的代数和，流入取正，流出取负。电流源还应包括电压源和电阻串联组合等效变换成的电流源。

图 2-27 所示电路具有 2 个独立节点，其节点电压方程的一般形式可推广应用于具有 $n-1$ 个独立节点的电路，其节点电压方程的一般形式为

$$
\left.\begin{array}{l}
G_{11}U_1 + G_{12}U_2 + \cdots + G_{1(n-1)}U_{(n-1)} = I_{s11} \\
G_{21}U_1 + G_{22}U_2 + \cdots + G_{2(n-1)}U_{(n-1)} = I_{s22} \\
\vdots \\
G_{(n-1)1}U_1 + G_{(n-1)2}U_2 + \cdots + G_{(n-1)(n-1)}U_{(n-1)} = I_{s(n-1)(n-1)}
\end{array}\right\} \tag{2-23}
$$

其中，等式左侧为该节点相连的各支路电流的代数和，右侧为该节点的总电源电流。

式（2-23）写成矩阵形式，得

$$
\begin{bmatrix}
G_{11} & G_{12} & \cdots & G_{1(n-1)} \\
G_{21} & G_{22} & \cdots & G_{2(n-1)} \\
\vdots & \vdots & \ddots & \vdots \\
G_{(n-1)1} & G_{(n-1)2} & \cdots & G_{n(n-1)}
\end{bmatrix}
\begin{bmatrix}
U_1 \\
U_2 \\
\vdots \\
U_n
\end{bmatrix}
=
\begin{bmatrix}
I_{s11} \\
I_{s22} \\
\vdots \\
I_{s(n-1)(n-1)}
\end{bmatrix} \tag{2-24}
$$

即 $$\boldsymbol{GU} = \boldsymbol{I} \tag{2-25}$$

式中：U 为支路电压列向量，$U=[\ U_1\ U_2\ \cdots\ \ U_n\ ]^\mathrm{T}$；$I$ 为支路电流列向量，$I=[I_{s11}\ I_{s22}\cdots I_{s(n-1)(n-1)}\ ]^\mathrm{T}$；$G$ 为 $n-1$ 阶的方阵，称为节点导纳矩阵，矩阵主对角线上的元素为节点自导纳，主对角线外的元素为节点之间的互导纳。

综上所述，应用节点电压法分析计算电路的一般步骤为：

（1）指定参考节点，其余节点与参考节点间的电压就是节点电压，节点电压均以参考节点为负极性。

（2）列出 $n-1$ 个节点电压方程。自导总是正值，互导总是负值。

（3）连到本节点的电流源，当其电流指向节点时，前面取正号；反之，取负号。连到本节点的电压源与电导串联的支路，其流入节点的等效电流源的电流为电压源与串联电导的乘积，当电压源的"+"极性端朝着本节点时，取正号；反之，取负号。

（4）从节点电压方程解出各节点电压，然后可求得各支路电流。

【例 2-15】图 2-28 所示电路中，各支路的电流的正方向已标出，列出各节点的电流方程式。

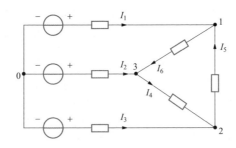

图 2-28 ［例 2-15］图

解：

节点 1：$I_1 + I_5 - I_6 = 0$。

节点 2：$I_3 + I_4 - I_5 = 0$。

节点 3：$I_2 - I_4 + I_6 = 0$。

节点 0：$-I_1 - I_2 - I_3 = 0$。

【例 2-16】如图 2-29 所示电路中，各支路的电流的参考方向已标出，列出各节点的电流方程式。

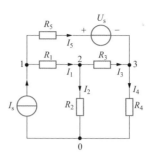

图 2-29 ［例 2-16］图

解：选取节点 0 为参考节点，因为电导 G 为电阻 R 的倒数，得方程

$$
\left.\begin{aligned}
(G_1 + G_5)U_1 - G_1U_2 - G_5U_3 &= I_s + G_5U_s \\
-G_1U_1 + (G_1 + G_2 + G_3)U_2 - G_3U_3 &= 0 \\
-G_5U_1 - G_3U_2 + (G_3 + G_4 + G_5)U_3 &= -G_5U_s
\end{aligned}\right\}
$$

叠 加 定 理

由独立电源和线性元件组成的电路，称为线性电路。叠加定理是指在线性电路中，任一支路的电流或电压都等于电路中各个独立电源单独作用，而其他独立电源置零（电压源置零相当于电压源用短接线代替，电流源置零相当于电流源支路开路）时，在该支路中产生的电流或电压的代数和。

叠加定理仅适用于线性电路，不适用于非线性电路；只能用来计算线性电路的电流和电压，不能直接用于计算功率；应用叠加定理时，当独立电源单独作用时，产生的电压或电流的参考方向，与原电路中对应的电压或电流的参考方向相同。

下面以图 2-30 所示电路为例，通过求解流过电压源 U_s 的电流 I，说明应用叠加定理求解电路的一般步骤。

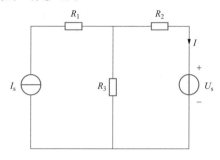

图 2-30   叠加定理

（1）当电流源单独作用时，电压源置零，如图 2-31 所示。

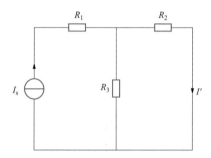

图 2-31   电流源单独作用

此时，有

$$I' = I_s \frac{R_3}{R_2 + R_3}$$

（2）当电压源单独作用时，电流源置零，如图 2-32 所示。

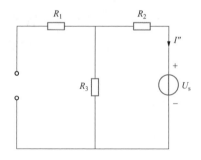

图 2-32   电压源单独作用

此时，有

$$I'' = \frac{-U_S}{R_2 + R_3}$$

（3）由叠加定理可知，两电压源同时作用时的电流 I 为

$$I = I' + I''$$

综上所述，应用叠加定理求解电路的一般步骤为：

（1）依次画出各独立电源单独作用时的电路图；

（2）依次计算在各独立电源单独作用下产生的待求电压或电流；

（3）将各独立电源单独作用时产生的电压或电流叠加起来，从而求出所有独立电源共同作用时所产生的电压或电流。

【例 2-17】如图 2-33 所示，U_1、U_2 为理想电压源，$U_1 = 10V$，$U_2 = 20V$；I_s 为理想电流源，$I_s = 5V$，$R_1 = 2\Omega$，$R_2 = 100\Omega$，$R = 80\Omega$。求负载电流 I_R。

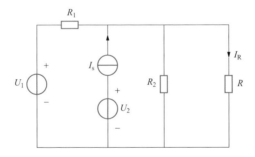

图 2-33 ［例 2-17］图

解：利用叠加定理求解此题。

（1）电压源 U_1 单独作用时，电压源 U_2 置零，电流源 I_s 置零，如图 2-34 所示。

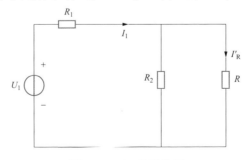

图 2-34 U_1 单独作用

$$I_1 = \frac{U_1}{R_1 + \dfrac{RR_2}{R + R_2}} \approx 0.22\text{A}$$

$$I'_R = I_1 \frac{R_2}{R + R_2} \approx 0.12\text{A}$$

（2）电压源 U_2 单独作用时，电流源 I_s 置零，支路相关于开路，U_2 不起作用。

（3）电流源 I_s 单独作用时，电压源 U_1、U_2 置零，如图 2-35 所示。

$$R_0 = \frac{1}{\dfrac{1}{R_1} + \dfrac{1}{R_2} + \dfrac{1}{R}} \approx 1.91\Omega$$

$$I''_R = \frac{I_s R_0}{R} \approx 0.12\text{A}$$

因此，有

$$I_R = I'_R + I''_R = 0.12 + 0.12 = 0.24(\text{A})$$

【例 2-18】如图 2-36 所示，$R_1 = 5\Omega$，$R_2 = 10\Omega$，$R_3 = 15\Omega$，$U_1 = 10\text{V}$，$U_2 = 20\text{V}$，试应用叠加定理求支路电流 I_1、I_2、I_3。

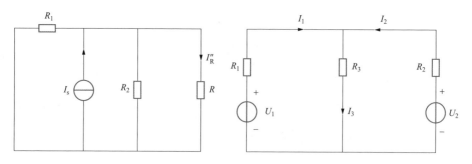

图 2-35 I_s 单独作用　　　　　图 2-36 ［例 2-18］图

解：当电压源 U_1 单独作用时，电压源 U_2 置零，如图 2-37 所示。

$$I'_1 = \frac{U_1}{R_1 + \dfrac{R_2 R_3}{R_2 + R_3}} \approx 0.91\text{A}$$

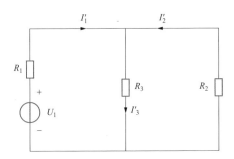

图 2-37 U_1 单独作用

$$I_2' = -\frac{R_3}{R_2 + R_3} I_1' \approx -0.55\mathrm{A}$$

$$I_3' = -\frac{R_2}{R_2 + R_3} I_1' \approx 0.36\mathrm{A}$$

当电压源 U_2 单独作用时，电压源 U_1 置零，如图 2-38 所示。

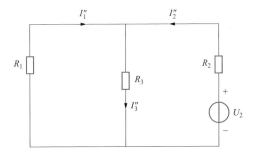

图 2-38 U_2 单独作用

$$I_2'' = \frac{U_2}{R_2 + \dfrac{R_1 R_3}{R_1 + R_3}} \approx 1.45\mathrm{A}$$

$$I_1'' = -\frac{R_3}{R_1 + R_3} I_2' \approx -1.09\mathrm{A}$$

$$I_3'' = \frac{R_1}{R_1 + R_3} I_2' \approx 0.36\mathrm{A}$$

应用叠加定理可得各支路电流为

$$\left.\begin{aligned} I_1 &= I_1' + I_1'' = -0.18\text{A} \\ I_2 &= I_2' + I_2'' = 0.9\,\text{A} \\ I_3 &= I_3' + I_3'' = 0.72\text{A} \end{aligned}\right\}$$

戴维南定理

戴维南定理是指一个含有独立电源的线性电阻二端网络 N［见图 2-39（a）］，对外电路而言，等效于一个电压为 U_{oc} 的电压源和电阻 R_{eq} 的串联电路［见图 2-39（b）］。其中，电压源电压 U_{oc} 等效于有源二端网络 N 的开路电压，即将外电路移去后 a、b 端钮之间的电压，如图 2-39（c）所示；R_{eq} 等效于将有源二端网络 N 内部所有独立电源，即将电压源、电流源置零，得到一个无源（不含独立电源）二端网络 N0，等效电阻 R_{eq} 等效于从无源二端网络 N0 的两端钮 a、b 看进去的等效电阻，如图 2-39（d）所示。

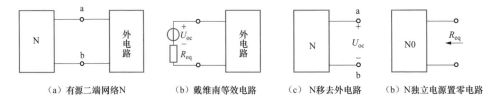

|（a）有源二端网络N|（b）戴维南等效电路|（c）N移去外电路|（b）N独立电源置零电路|

图 2-39 戴维南定理的应用

下面以图 2-40 所示电路为例，通过求解流过电阻 R_3 的电流 I_3，说明应用戴维南定理求解电路的一般步骤。

（1）移去电阻 R_3 求开路电压 U_{oc}，有源二端网络如图 2-41 所示。此时，

开路电压为

$$U_{oc} = U_2 + \left(\frac{U_1 - U_2}{R_1 + R_2}\right)R_2$$

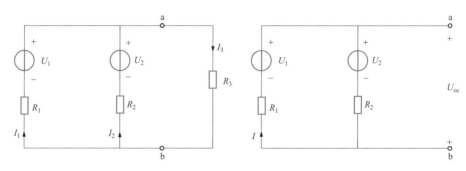

图 2-40 原电路　　　　　　　　图 2-41 移去电阻 R_3 后的二端网络

（2）求等效电阻 R_{eq}。将独立电源置零，如图 2-42 所示。此时，等效电阻为

$$R_{eq} = \frac{R_1 R_2}{R_1 + R_2}$$

（3）画出戴维南等效电路如图 2-43 所示，求电流 I_3。

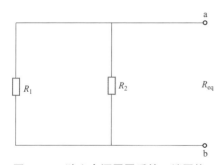
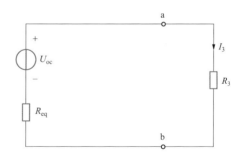

图 2-42 独立电源置零后的二端网络　　　图 2-43 图 2-40 的戴维南等效电路

电流为

$$I_3 = \frac{U_{oc}}{R_{eq} + R_3}$$

综上所述，应用戴维南定理求解电路的一般步骤：

（1）构建有源二端网络，移去电路中待求变量所在的支路；

（2）求有源二端网络的开路电压 U_{oc}；

（3）求其等效电阻 R_{eq}，将有源二端网络内部所有独立电源置零；

（4）用戴维南等效电路替代有源二端网络，画出替代后的等效电路，计算待求变量。

【例 2-19】电路如图 2-44 所示，已知 $U_1 = 40\text{V}$，$U_2 = 20\text{V}$，$R_1 = R_2 = 4\Omega$，$R_3 = 13\Omega$，试应用戴维南定理求电流 I_3。

解：移去电阻 R_3 求开路电压 U_{oc}，如图 2-45 所示。

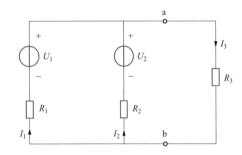 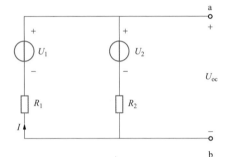

图 2-44　[例 2-19] 图　　　　　　图 2-45　移去电阻 R_3 后的二端网络

$$I = \frac{U_1 - U_2}{R_1 + R_2} = \frac{40 - 20}{4 + 4} = 2.5(\text{A})$$

$$U_{oc} = U_2 + IR_2 = 20 + 2.5 \times 4 = 30(\text{V})$$

求等效电阻 R_{eq}，将所有独立电源置零，如图 2-46 所示。

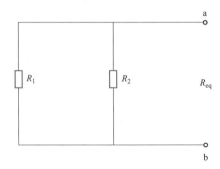

图 2-46　独立电源置零后的二端网络

$$R_{eq} = \frac{R_1 R_2}{R_1 + R_2} = 2\Omega$$

所到戴维南等效电路如图 2-47 所示。

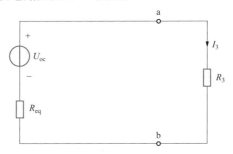

图 2-47　图 2-43 的戴维南等效电路

所求电流为

$$I_3 = \frac{U_{oc}}{R_0 + R_3} = \frac{30}{2+13} = 2(A)$$

【例 2-20】如图 2-48 所示的电路，已知 $U = 8V$，$R_1 = 3\Omega$，$R_2 = 5\Omega$，$R_3 = R_4 = 4\Omega$，$R_5 = 0.125\Omega$，试应用戴维南定理求电阻 R_5 中的电流 I_5。

解：将 R_5 所在支路开路移去，如图 2-49 所示，求开路电压 U_{oc}。

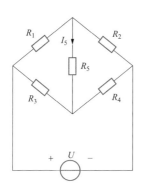

图 2-48　[例 2-20] 图

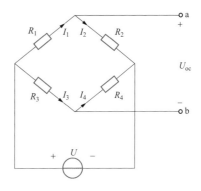

图 2-49　移去支路后的二端网络

$$I_1 = I_2 = \frac{U}{R_1 + R_2} = 1A$$

$$I_3 = I_4 = \frac{U}{R_3 + R_4} = 1\text{A}$$

$$U_{oc} = R_2 I_2 - R_4 I_4 = 5 - 4 = 1(\text{V})$$

求等效电阻 R_{eq}，将电压源置零，如图 2-50 所示。

$$R_{eq} = \frac{R_1 R_2}{R_1 + R_2} + \frac{R_3 R_4}{R_3 + R_4} = 1.875 + 2 = 3.875(\Omega)$$

根据戴维南定理画出等效电路，如图 2-51 所示，求电阻 R_5 中的电流。

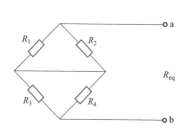

图 2-50　将独立电源置零后的无源二端网络

图 2-51　戴维南等效电路

$$I_5 = \frac{U_{oc}}{R_{eq} + R_5} = \frac{1}{4} = 0.25(\text{A})$$

动 态 电 路 分 析

2.9.1　动态电路

1. 动态电路的概念

本章前几节介绍了线性电阻电路的分析方法，这类电路是以代数方程来描述的。当电路中含有电容元件和电感元件（又称为动态元件或储能元件）时，这类元件的电压和电流关系是微分、积分关系而不是代数关系，因此根据 KVL、KCL 和 VCR 列写的电路方程，是以电流或电压为变量的微分方程。凡以微分方程描述的电路称为动态电路。如果电路中只含有一个动态元件，描述电路的特性方程为一阶微分方程，对应的电路称为一阶电路。当一阶电路中的储能元件为电感时称为一阶电阻电感电路（简称 RL 电路）；当储能元件为电容时称为一阶电阻电容电路（简称 RC 电路），如图 2-52 所示。

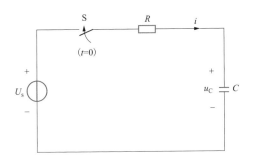

图 2-52　一阶动态电路的示例

在动态电路中，当电路结构或元件参数发生改变时，电路从一种稳定状态转变到另一种稳定工作状态，所经历的过程称为过渡过程。电路在过渡过程中的工作状态称为暂态。

发生过渡过程的原因有两个：①电路中存在动态元件，由于动态元件中的储能是不能突变的，因而引起过渡过程；②电路的结构或元件参数发生变化（如电路中电源或无源元件的断开或接入、信号的突然注入等），迫使电路的工作状态发生变化。上述电路的结构或元件参数变化而引起的电路变化统称为"换路"。

2. 初始值的计算

为了定量分析电路过渡过程，设换路瞬间即计时起点为 $t = 0$，换路前瞬间为 $t = 0_-$，换路后瞬间 $t = 0_+$，在换路前后电容电流和电感电压为有限值的条件下，换路前后瞬间电容电压和电感电流不能跃变，这就是换路定律。那

么 u_C 和 i_L 在 $t = 0_+$ 时刻的值 $u_C(0_+)$ 和 $i_L(0_+)$ 应等于其在 $t = 0_-$ 时刻的值 $u_C(0_-)$ 和 $i_L(0_-)$，即

$$u_C(0_+) = u_C(0_-) \atop i_L(0_+) = i_L(0_-) \Bigg\}$$ （2-26）

$t = 0_+$ 时刻电路中各物理量的数值称为初始值。电路中的初始值可以分为两类：第一类是独立的初始值，即电容电压 $u_C(0_+)$ 和电感电流 $i_L(0_+)$；另一类是非独立的初始值，是除了独立的初始值以外的初始值，如 $u_L(0_+)$、$i_C(0_+)$ 等，这类初始值不受换路定律约束。本节以〔例 2-21〕来说明初始值的计算方法。

【例 2-21】电路如图 2-53（a）所示，开关动作前电路已达到稳态，$t = 0$ 时开关 S 打开。求 $u_C(0_+)$、$i_L(0_+)$、$i_C(0_+)$、$u_L(0_+)$、$i_R(0_+)$。

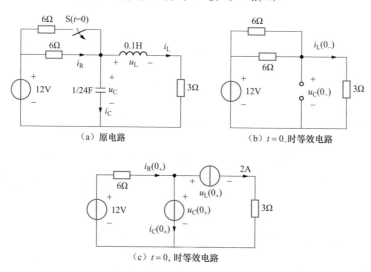

图 2-53 〔例 2-21〕的图

解：由于开关动作前电路已达到稳态，作出 $t = 0_-$ 时等效电路如图 2-53（b）所示，则有

$$i_L(0_-) = \frac{12}{6 /\!/ 6 + 3} = 2(A), \quad u_C(0_-) = 3i_L(0_-) = 6(V)$$

由换路定律得

$$u_C(0_+) = u_C(0_-) = 6V, \quad i_L(0_+) = i_L(0_-) = 2A$$

画出 $t = 0_+$ 时的等效电路如图 2-53（c）所示，由 KVL 有

$$6i_R(0_+) + 6 - 12 = 0$$

所以

$$i_R(0_+) = 1\text{A}, \quad i_C(0_+) = i_R(0_+) - 2 = -1(\text{A}), \quad u_L(0_+) = 6 - 3 \times 2 = 0(\text{V})$$

2.9.2 一阶电路的响应

1. 一阶电路的零输入响应

零输入响应是指电路没有外加激励时，仅由储能元件（动态元件）的初始储能所引起的响应。本节以 RC 电路为例说明一阶电路的零输入响应。

如图 2-54（a）所示，换路前的电路是由电压源和电容 C 连接而成，电容电压 $u_C(0_-) = U_0$；在 $t = 0$ 时，将开关从位置 1 改接到位置 2，电容将通过电阻放电［见图 2-54（b）］，电容电压由其初始值开始，随着时间的增长而逐渐减少，最后趋近于零。在放电过程中，电容初始储存的电场能量，通过电阻全部转换为热能发散出去。此时，电路中的响应仅由电容的初始状态引起，故为零输入响应。

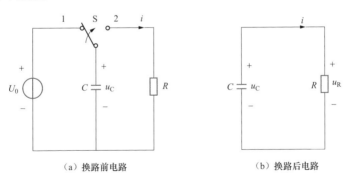

（a）换路前电路 　　　　　　　　（b）换路后电路

图 2-54　RC 电路的零输入响应

为定量分析 u_C 和 i 的变化规律需要确立微分方程。根据图 2-54（b），当 $t \geqslant 0$ 时，由 KVL 得 $u_C - u_R = 0$，而 $u_R = Ri$，$i = -C\dfrac{\mathrm{d}u_C}{\mathrm{d}t}$，代入得

$$RC\frac{\mathrm{d}u_C}{\mathrm{d}t} + u_C = 0$$

其初始条件为

$$u_C(0_+) = u_C(0_-) = U_0$$

解微分方程得电容电压为

$$u_C = u_C(0_+)\mathrm{e}^{-\frac{1}{RC}t} = U_0\mathrm{e}^{-\frac{1}{RC}t} \tag{2-27}$$

电路中的电流为

$$i = -C\frac{\mathrm{d}u_C}{\mathrm{d}t} = \frac{U_0}{R}\mathrm{e}^{-\frac{1}{RC}t} \tag{2-28}$$

u_C 和 i 的波形分别如图 2-55（a）、（b）所示。

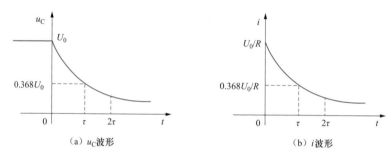

（a）u_C波形　　　　　　　（b）i波形

图 2-55　零输入响应波形图

从图 2-55（b）的波形可以看出，在换路瞬间，$i(0_-) = 0$，$i(0_+) = U_0/R$，电流发生了跃变，而电容电压没有发生跃变。由式（2-27）和式（2-28）可以看出，电压 u_C 和电流 i 都是按照相同的指数规律变化，且衰减的快慢取决于指数中的 $1/RC$ 的大小。

定义时间常数 τ 为

$$\tau = RC \tag{2-29}$$

τ 的大小反映了一阶过渡过程的进展速度，是反映过渡过程特性的一个重要的量，其单位为 s（秒）。

当电路的结构和元件的参数一定时，τ 为常数。引入时间常数 τ 后，式（2-27）和式（2-28）又可以表示为

$$u_C = U_0\mathrm{e}^{-\frac{t}{\tau}} \tag{2-30}$$

$$i = \frac{U_0}{R} e^{-\frac{t}{\tau}} \qquad (2\text{-}31)$$

表 2-1 列出了 $t = 0$、τ、2τ、3τ、$\cdots$时刻的电容电压 u_C 的值。

表 2-1　　　　　　　　　　不同时刻的 u_C 的值

t	0	τ	2τ	3τ	4τ	5τ	$\cdots$	∞
$u_C(t)$	U_0	$0.368U_0$	$0.135U_0$	$0.05U_0$	$0.018U_0$	$0.0067U_0$	$\cdots$	0

从表 2-1 可以看出，经过一个时间常数 τ 后，电容电压衰减为初始值的 36.8% 或衰减了 63.2%。理论上要经过无穷长的时间，u_C 才能衰减为零。但工程上一般认为经过 $3\tau \sim 5\tau$ 的时间，过渡过程结束。

2. 一阶电路的零状态响应

零状态响应是指电路在零初始状态（动态元件的初始储能为零）下，仅由外加激励所产生的响应。本节以在直流激励作用下的 RC 电路为例说明一阶电路的零状态响应。

如图 2-56 所示，开关闭合前电容器未经充电，即 $u_C(0_-) = 0$，电路处于零状态。设 $t = 0$ 时开关闭合，在直流电压源 U_s 的激励下，通过电阻 R 对电容进行充电，显然，电容电压 u_C 将从 0 值开始被充电到电源电压值终止。这期间零状态响应 u_C 的变化规律可以用经典法求解。

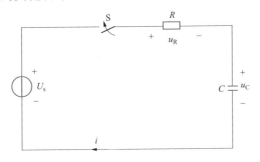

图 2-56　RC 电路的零状态响应

根据电路基本定律和元件的伏安关系式确立微分方程，开关闭合后，RC 回路的 KVL 方程式为 $u_R + u_C = U_s$，将 $u_R = Ri$，$i = \dfrac{\mathrm{d}u_C}{\mathrm{d}t}$ 代入得

$$RC\frac{du_\mathrm{C}}{\mathrm{d}t}+u_\mathrm{C}=U_\mathrm{s}$$

代入初始条件 $u_\mathrm{C}(0_+)=u_\mathrm{C}(0_-)=0$，得电容电压为

$$u_\mathrm{C}=U_\mathrm{s}-U_\mathrm{s}\mathrm{e}^{-\frac{t}{\tau}}=U_\mathrm{s}\left(1-\mathrm{e}^{-\frac{t}{\tau}}\right) \tag{2-32}$$

电路中电流为

$$i=C\frac{\mathrm{d}u_\mathrm{C}}{\mathrm{d}t}=\frac{U_\mathrm{s}}{R}\mathrm{e}^{-\frac{t}{\tau}} \tag{2-33}$$

u_C 和 i 的零状态响应波形如图 2-57 所示。

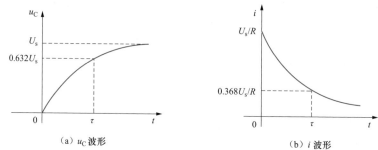

（a）u_C 波形　　　　　　　（b）i 波形

图 2-57　零状态响应波形图

3. 一阶电路的全响应

一个非零初始状态的一阶电路在外加激励下所产生的响应称为全响应。本节以直流激励作用下的 RC 电路为例说明一阶电路的全响应。

如图 2-58 所示，设电容的初始电为 U_0，$t=0$ 时开关 S 闭合，根据 KVL 有

$$RC\frac{\mathrm{d}u_\mathrm{C}}{\mathrm{d}t}+u_\mathrm{C}=U_0$$

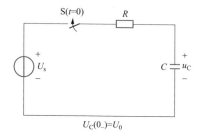

图 2-58　RC 电路的全响应

代入初始条件$u_C(0_+) = u_C(0_-) = U_0$，得电容电压为

$$u_C = U_s + (U_0 - U_s)e^{-t/\tau} \qquad (2\text{-}34)$$

其中，等号右边的第一项是稳态分量，其等于外施的直流电压；第二项是暂态分量，其随时间的增长而衰减为零。可见，全响应可表示为稳态分量与暂态分量之和。

式（2-34）可改写为

$$u_C = U_s(1 - e^{-t/\tau}) + U_0 e^{-t/\tau} \qquad (2\text{-}35)$$

其中，等号右边第一项为电路的零状态响应，因为其正好是$u_C(0_-) = 0$时的响应；第二项为电路的零输入响应，因为当$U_s = 0$时电路的响应正好等于$U_0 e^{-t/\tau}$。这说明在一阶电路中，全响应是零输入响应和零状态响应的叠加，这是线性电路的叠加定理在动态电路中的体现。

上述对全响应的两种分析方法只是着眼点不同，前者着眼于反映线性动态电路在换路后通常要经过一段过渡时间才能进入稳态，而后者则着眼于电路中的因果关系。并不是所有的线性电路都能分为暂态和稳态这两种工作状态，但只要是线性电路，全响应总是可以分解为零输入响应和零状态响应。

【例2-22】如图2-59所示的电路，开关打开以前电路已经稳定，$t = 0$时开关S打开。求$t \geqslant 0$时的u_C、i_C。

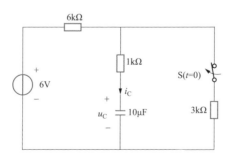

图2-59 ［例2-22］的图

解：设电容的初始电压为U_0，电路进入稳定状态的电容电压为U_s。u_C的初始值为

$$u_C(0_+) = u_C(0_-) = U_0 = \frac{3}{6+3} \times 6 = 2(\text{V})$$

电路进入稳定状态的电容电压等于电源电压，即 $U_s = 6\text{V}$。

时间常数为

$$\tau = R_{eq}C = (1+2) \times 10^3 \times 10 \times 10^{-6} = 0.03(\text{s})$$

由式（2-34）得

$$u_C = 6 + (2-6)\text{e}^{-\frac{t}{0.03}} = 6 - 4\text{e}^{-33.33t}(\text{V})$$

$$i = C\frac{\text{d}u_C}{\text{d}t} = 0.04\text{e}^{-33.33t}(\text{mA})$$

小结

　　本章介绍了线性电阻电路的基本变换、基本分析方法和基本定理，这是分析与计算线性电阻电路的基础，也是分析与计算正弦稳态电路的重要依据。

　　本章阐述了线性电阻电路中电阻串并联、电阻的 Y-△ 变换、电源等效变换等基本变换，支路电流法、回路电流法、节点电压法三个基本方法，叠加定理与戴维南定理两个基本定理，以及动态电路的过渡过程和一阶电路的暂态分析。本章在基本方法、基本定理介绍过程中，遵循基本概念、基本思路、案例说明、一般步骤、例题演练的思路。在理论上，力求对基本概念、基本思路的精准提炼，并用典型案例对基本方法、基本理论的应用进行说明，最后通过总结一般步骤便于读者掌握实用方法。

习题与思考题

2-1　如图 **2-60** 所示各电路，求各端口的等效电阻 R_{eq}。

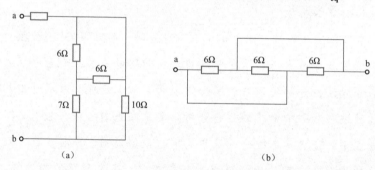

（a）　　　　　　　　　　（b）

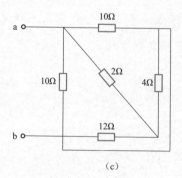

（c）

图 2-60　题 2-1 图

2-2　如图 **2-61** 所示电路，求电流 I、I_1、I_2。

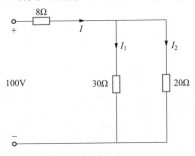

图 2-61　题 2-2 图

2-3　如图 **2-62** 所示电路，求电流 I。

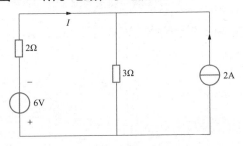

图 2-62　题 2-3 图

2-4　如图 **2-63** 所示电路，试应用支路电流法求各支路的电流。

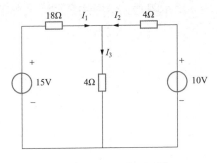

图 2-63　题 2-4 图

2-5　如图 **2-64** 所示电路，试应用回路电流法求电压 U_0。

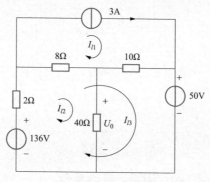

图 2-64　题 2-5 图

2-6　如图 **2-65** 所示电路，试应用节点电压法求各支路电流。

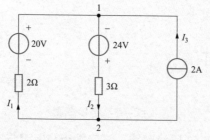

图 2-65　题 2-6 图

2-7　如图 **2-66** 所示电路，试应用叠加定理求电压 U。

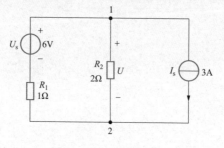

图 2-66　题 2-7 图

2-8　如图 **2-67** 所示电路，试应用戴维南定理求电流 I。

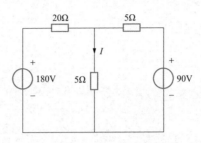

图 2-67　题 2-8 图

第3章 CHAPTER THREE

正弦稳态电路

03

本章介绍了正弦稳态电路的基本概念、基本分析方法和谐振现象，重点阐述了正弦交流电的基本概念，元件的伏安关系，阻抗与导纳，相量法等稳态电路分析方法，功率及功率因数，串联与并联谐振等。本章内容是正弦交流电路分析与计算的重要理论，也将为后续三相电路的分析计算奠定基础。

国网上海市电力公司电力专业实用基础知识系列教材

电路基础

3.1

正弦交流电的基本概念

3.1.1　正弦交流电的概念

电路的电压和电流随时间按正弦规律变化，则称该电路为正弦交流电路。正弦交流电路处于稳定状态，则称该电路为正弦稳态电路，本章研究的正弦交流电路均为正弦稳态电路。

按正弦规律变化的电压、电流统称为正弦交流电。对正弦量的描述可以用正弦函数，也可以用余弦函数，本书采用正弦函数。因此，正弦电流可表示为

$$i = I_\mathrm{m} \sin(\omega t + \varphi) \tag{3-1}$$

式中：I_m 为正弦量的幅值（或振幅）；ω 为角频率；φ 为初相（或初相位）。

正弦电流 i 关于时间 t 的函数曲线如图 3-1 所示。这种表示电流随时间变化的曲线称为电流的波形。

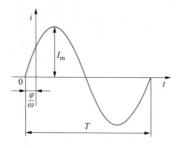

图 3-1　正弦电流的波形图

可见，当幅值 I_{m}、初相 φ 和角频率 ω 一旦确定，正弦量的变化规律就完全确定了，因此，将正弦量的幅值、初相和频率（或角频率）称为正弦量的三要素。

1. 周期、频率与角频率

正弦量变化一个循环所需要的时间称为该正弦量的周期，用 T 表示，单位为秒（s）。正弦量在单位时间内完成循环变化的次数称为频率，用 f 表示，单位为 Hz（赫〔兹〕）。因此，频率与周期互为倒数，即

$$f = \frac{1}{T} \tag{3-2}$$

正弦量在单位时间内变化的角度称为角频率，用 ω 表示，单位为 rad/s（弧度 / 秒）。正弦量在一个周期内变化的弧度为 2π，故角频率

$$\omega = \frac{2\pi}{T} = 2\pi f \tag{3-3}$$

我国电力系统采用 50Hz 作为工业标准频率（简称工频），其周期为 0.02s，对应的角频率为 100π rad/s。

【例 3-1】已知一个正弦电流 $i = 100\sin\left(100\pi t + \dfrac{\pi}{2}\right)\mathrm{A}$，求该正弦电流的角频率 ω、频率 f 和周期 T。

解：正弦电流的角频率

$$\omega = 100\pi \,（\mathrm{rad/s}）$$

频率

$$f = \frac{\omega}{2\pi} = \frac{100\pi}{2\pi} = 50(\mathrm{Hz})$$

周期

$$T = \frac{1}{f} = \frac{1}{50} = 0.02(\mathrm{s})$$

2. 瞬时值、幅值与有效值

瞬时值是正弦量在某一时刻的值。瞬时值是随时间变化的变量，用小写英文字母表示，如 i、u 分别表示电流、电压的瞬时值。

幅值，又称最大值，是正弦量变化过程中出现的最大瞬时绝对值，用大

写字母加下标 m 来表示，如 I_m、U_m 分别表示电流、电压的幅值。

有效值，又称为方均根值，是周期变量瞬时值的平方在一个周期内平均值的平方根。有效值用大写字母表示，如 I、U 分别表示周期电流、电压的有效值。工程上常用有效值来表示正弦量的大小。

以电流为例描述有效值的含义，如果周期电流 i 通过电阻 R 在一个周期内产生的热量，与另一个直流电流 I 通过电阻 R 在相同的时间里产生的热量相等，则周期电流 i 的有效值即等于直流电流的值。应用数学知识可证明，正弦电流的有效值等于其最大值的 $\dfrac{1}{\sqrt{2}}$ 倍，即

$$I = \frac{I_m}{\sqrt{2}} \tag{3-4}$$

【例 3-2】已知 $u = 311\sin\left(200\pi t + \dfrac{\pi}{6}\right)$ V，求电压 u 的有效值及 $t = 0.01$s 时的瞬时值。

解：电压 u 的有效值

$$U = \frac{U_m}{\sqrt{2}} = \frac{311}{\sqrt{2}} = 220(\mathrm{V})$$

$t = 0.01$s 时，电压 u 的瞬时值

$$u\big|_{t=0.01\mathrm{s}} = 311\sin\left(200\pi \times 0.01 + \frac{\pi}{6}\right) = 155.5(\mathrm{V})$$

3. 相位、初相位与相位差

正弦电流 $i = I_m\sin(\omega t + \varphi)$，其中 $\omega t + \varphi$ 称为该正弦电流的相位角（简称相位），反映了正弦量的变化进程。

$t = 0$ 时正弦量的相位角 φ 称为初相位或初相，通常规定 φ 的取值范围为 $[-\pi, \pi]$。显然，初相位与计时起点和参考方向的选取有关。计时起点和参考方向选取不同，正弦量的初相位不同，初始值也不相同。图 3-2 示出了几种不同计时起点的正弦电流波形图。

在正弦稳态电路中，两个同频率正弦量的相位角之差称为相位差，用 θ 表示。设两个同频率正弦电压 u_1 和 u_2 的表达式分别为

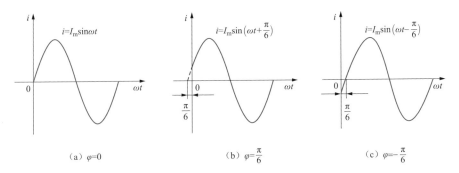

图 3-2   不同计时起点的正弦电流的波形图

$$u_1 = U_{m1} \sin(\omega t + \varphi_1)$$

$$u_2 = U_{m2} \sin(\omega t + \varphi_2)$$

两者的相位差为

$$\theta = (\omega t + \varphi_1) - (\omega t + \varphi_2) = \varphi_1 - \varphi_2 \qquad (3-5)$$

可见，两个同频率正弦量的相位差等于初相之差。

相位差 θ 的取值范围通常为 $[-\pi, \pi]$，现对相位差 θ 的几种情况分别加以讨论：

（1）$\theta = \varphi_1 - \varphi_2 > 0$，如图 3-3（a）所示，称 u_1 超前 u_2 θ 角度（或 u_2 滞后 u_1 θ 角度）。

（2）$\theta = \varphi_1 - \varphi_2 < 0$，称 u_1 滞后 u_2 $|\theta|$ 角度（或 u_2 超前 u_1 $|\theta|$ 角度）。

（3）$\theta = \varphi_1 - \varphi_2 = 0$，如图 3-3（b）所示，称 u_1 与 u_2 同相。

（4）$\theta = \varphi_1 - \varphi_2 = \pi$，如图 3-3（c）所示，称 u_1 与 u_2 反相。

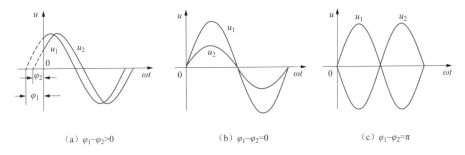

图 3-3   同频率正弦量的几种相位关系

在电力系统中，对正弦交流电的相位、初相位、相位差特征量都有具体要求。

（1）在频率方面，国家标准供电频率为 50Hz。电力系统规定了允许频率偏差的标准，正常运行情况下，装机容量在 300 万 kW 及以上为 ±0.2Hz，装机容量在 300 万 kW 以下为 ±0.5Hz；非正常运行情况下，允许频率偏差不超过 ±1Hz。

（2）在幅值方面，电力系统正常运行条件下，供电电压较系统标称电压的偏差，称为供电电压偏差。35kV 及以上供电电压正负偏差绝对值之和不超过 10%；10kV 及以下三相供电电压偏差为 ±7%；220V 单相供电电压偏差为 +7%、–10%。同时，相关规定中还设定 A、B、C、D 四类监测点，用于监测各类关口和重点用户的电压情况。图 3-4 示出了某供电公司 2020 年 1 月 6 日城网日供电电压合格率的统计数据。从图中的数据可以看出，所有监测点电压合格率为 100%。

某供电公司2020年01月06日城网日合格率详细信息

分类	监测点数	合格率(%)	实测点数	实测率(%)	超上限时间（分）	超上限率（%）	超下限时间（分）	超下限率（%）	监测总时间(分)
城网综合	449	100.000	423	94.209	0	0.000	0	0.000	609115
城网A类	149	100.000	141	94.631	0	0.000	0	0.000	203040
城网B类	76	100.000	76	100.000	0	0.000	0	0.000	109440
城网C类	61	100.000	61	100.000	0	0.000	0	0.000	87840
城网D类	163	100.000	145	88.957	0	0.000	0	0.000	208795

监测点名称	所属单位	监测点类别	电压等级	合格率（%）	超上限率（'	超下限率（'	监测总时长	超上限时	超下限时间	合格时长	最大值（V）	最小值（V	平均值（V）	最大值发生时间	最小值发生时间
变电站付母母线	供电公司	城网A类	10kV	100.000	0.000	0.000	1440	0	0	1440	10257.78	10043.79	10150.73	2020-01-06 16:5...	2020-01-06 02:3...
变电站正母二...	供电公司	城网A类	10kV	100.000	0.000	0.000	1440	0	0	1440	10280.70	10038.15	10151.00	2020-01-06 10:4...	2020-01-06 23:3...
变电站正母一...	供电公司	城网A类	10kV	100.000	0.000	0.000	1440	0	0	1440	10277.78	10027.82	10153.09	2020-01-06 08:4...	2020-01-06 07:0...
变电站二段母线	供电公司	城网A类	10kV	100.000	0.000	0.000	1440	0	0	1440	10271.59	10037.37	10160.99	2020-01-06 11:2...	2020-01-06 13:2...
变电站三段母线	供电公司	城网A类	10kV	100.000	0.000	0.000	1440	0	0	1440	10285.71	10041.82	10162.05	2020-01-06 03:0...	2020-01-06 21:2...
变电站一段母线	供电公司	城网A类	10kV	100.000	0.000	0.000	1440	0	0	1440	10353.32	10054.08	10168.52	2020-01-06 19:4...	2020-01-06 00:1...
变电站二段母线	供电公司	城网A类	10kV	100.000	0.000	0.000	1440	0	0	1440	10305.46	10063.08	10164.79	2020-01-06 11:4...	2020-01-06 21:3...
变电站三段母线	供电公司	城网A类	10kV	100.000	0.000	0.000	1440	0	0	1440	10312.90	10054.52	10159.15	2020-01-06 01:5...	2020-01-06 12:3...
变电站一段母线	供电公司	城网A类	10kV	100.000	0.000	0.000	1440	0	0	1440	10279.27	10049.74	10159.34	2020-01-06 00:5...	2020-01-06 01:1...
变电站二段母线	供电公司	城网A类	10kV	100.000	0.000	0.000	1440	0	0	1440	10269.87	10048.81	10151.05	2020-01-06 17:0...	2020-01-06 04:2...
变电站三段母线	供电公司	城网A类	10kV	100.000	0.000	0.000	1440	0	0	1440	10242.15	10030.68	10150.86	2020-01-06 18:0...	2020-01-06 12:4...
变电站一段母线	供电公司	城网A类	10kV	100.000	0.000	0.000	1440	0	0	1440	10262.48	10065.68	10154.43	2020-01-06 21:5...	2020-01-06 16:0...
变电站二段母线	供电公司	城网A类	10kV	100.000	0.000	0.000	1440	0	0	1440	10268.14	10084.88	10160.65	2020-01-06 01:0...	2020-01-06 13:4...
变电站三段母线	供电公司	城网A类	10kV	100.000	0.000	0.000	1440	0	0	1440	10294.30	10032.36	10159.86	2020-01-06 11:3...	2020-01-06 14:1...
变电站一段母线	供电公司	城网A类	10kV	100.000	0.000	0.000	1440	0	0	1440	10269.73	10045.14	10159.69	2020-01-06 04:0...	2020-01-06 07:5...
变电站二段母线	供电公司	城网A类	10kV	100.000	0.000	0.000	1440	0	0	1440	10288.69	10053.30	10165.48	2020-01-06 07:1...	2020-01-06 23:3...

图 3–4 某供电公司城网日供电电压合格率查询统计

（3）在相位方面，在电力系统同期并列时，并列断路器两侧的相序、相位相同是必须满足的条件之一，本书第 4 章中有对三相交流电相序的介绍。此外，在三相供电系统中，三个相电压的幅值和相位关系上存在偏差，称为三相不对称。供电系统的不对称运行，对用电设备及供配电系统都有危害，低压系统的不对称运行还会导致中性点位移，从而危及人身和设备安全。

3.1.2　正弦量的表示法

在分析正弦稳态电路时，为了使正弦稳态电路分析的数学计算得以简化，常需要对正弦量进行变换，使正弦量的运算变为相量或复数的运算。

1. 旋转矢量表示法

设正弦电压 $u = U_m \sin(\omega t + \varphi)$，其波形图如图 3-5 中右侧图所示。图 3-5 中左侧复平面内有一旋转矢量 $\vec{U}_m$，沿逆时针方向旋转。$\vec{U}_m$ 的长度代表正弦量 u 的幅值 U_m，U_m 的初始位置（$t = 0$ 时的位置）与横轴正方向的夹角等于正弦量 u 的初相位 φ。$\vec{U}_m$ 旋转的角速度等于正弦量 u 的角频率 ω。

在 $t = 0$ 时，旋转矢量在纵轴上的投影为 a，$a = u_0 = U_m \sin\varphi$；$t = t_1$ 时，旋转矢量在纵轴上的投影为 b，$b = u_1 = U_m \sin(\omega t_1 + \varphi)$。由此可知，旋转矢量既能表达正弦量的三要素，又能表示出正弦量的瞬时值，即正弦量 u 可以用旋转矢量 $\vec{U}_m$ 来表示。

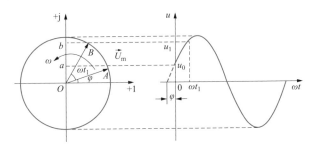

图 3-5　用旋转矢量表示正弦量

2. 相量表示法

由正弦量的性质可知，同频正弦量之和或差仍为同频正弦量，正弦量对时间的导数或积分也仍为正弦量。因此，在正弦稳态电路中，激励一旦给定，则频率即已确定。故只需要确定正弦量的幅值和初相，即可确定该正弦量。因此，将正弦量的幅值（或有效值）和初相与复数的模和辐角对应，即可用复数表示同频率的正弦量。

用复数表示正弦量时，常用的表示形式有代数形式、极坐标形式、三角形式和指数形式。

（1）代数形式为

$$A = a + jb \tag{3-6}$$

式中：$j = \sqrt{-1}$ 是虚数单位；a 为复数的实部；b 为复数的虚部。

（2）极坐标形式为

$$A = |A| \angle \varphi \tag{3-7}$$

式中：$|A|$ 为复数 A 的模；φ 称为复数 A 的辐角。

（3）三角形式。横轴是实轴、纵轴是虚轴的直角坐标系称为复平面。复平面中，点 $A(a, b)$ 或矢量 $\overrightarrow{OA}$ 可用复数 $A = a + jb$ 表示，如图 3-6 所示。矢量 $\overrightarrow{OA}$ 的长度称为复数 A 的模，$\overrightarrow{OA}$ 与正实轴间的夹角 φ 称为复数 A 的辐角。

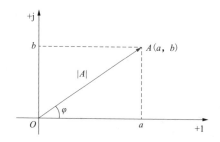

图 3-6　复数的图形表示

因此有

$$\left.\begin{array}{l} |A| = \sqrt{a^2 + b^2} \\ \varphi = \arctan\dfrac{b}{a}, \ -\pi < \varphi < \pi \end{array}\right\} \tag{3-8}$$

复数的极坐标形式和代数形式可以互相转化，转换公式为

$$\left.\begin{array}{l} a = |A|\cos\varphi \\ b = |A|\sin\varphi \end{array}\right\} \tag{3-9}$$

由此可知，复数的三角形式为

$$A = |A|(\cos\varphi + j\sin\varphi) \tag{3-10}$$

（4）指数形式。根据欧拉公式，有

$$e^{j\varphi} = \cos\varphi + j\sin\varphi$$

将复数的三角形式变换为指数形式，即

$$A = |A| e^{j\varphi} \tag{3-11}$$

为了与一般的复数相区别，将表示正弦量的复数称为相量，用在大写字母上加 "·" 来表示，如 $\dot{U}_m$、$\dot{I}_m$ 分别为表示正弦电压 u、正弦电流 i 的相量。

复数的模等于正弦量的幅值，辐角等于正弦量的初相位，这个复数就称为正弦量的最大值相量。例如，正弦电压 $u = U_m \sin(\omega t + \varphi)$ 的最大值相量为

$$\dot{U}_m = U_m \angle \varphi = U_m \cos\varphi + j U_m \sin\varphi$$

复数的模等于正弦量的有效值，辐角等于正弦量的初相位，这个复数就称为正弦量的有效值相量。例如，正弦电压 $u = U_m \sin(\omega t + \varphi)$ 的有效值相量为 $\dot{U} = U \angle \varphi = U \cos\varphi + j U \sin\varphi$。未作特殊说明的情况下，本书中的相量表示均采用有效值相量。

用复平面上的矢量（有向线段）表示相量的图称为相量图。例如，正弦电压 $u = U_m \sin(\omega t + \varphi)$ 相量如图 3-7 所示。

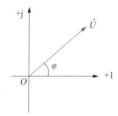

图 3-7　正弦电压相量图

需要注意的是，相量是复数，而正弦量是随时间变化的函数，因此，相量只能表示正弦量，并不等于正弦量。用相量表示正弦量是一种数学变换，目的是将复杂的三角函数计算变换为相对简单的复数运算。

【例 3-3】已知正弦电流和电压的瞬时值分别为 $i = 30\sqrt{2}\sin(\omega t + 30°)\mathrm{A}$，$u = 25\sqrt{2}\sin(\omega t - 45°)\mathrm{V}$，写出电流和电压的相量 $\dot{I}$ 和 $\dot{U}$ 形式，并绘出相量图。

解：由瞬时值可得

$$\dot{I} = I \angle \varphi_I = 30 \angle 30°\mathrm{A}$$

$$\dot{U} = U \angle \varphi_U = 25 \angle -45°\mathrm{V}$$

相应相量图如图 3-8 所示。

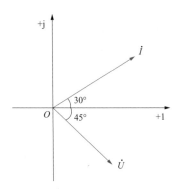

图 3-8 [例 3-3]相量图

【例 3-4】已知，在工频条件下，两正弦电压的相量分别为 $\dot{U}_1 = 20\angle 60°\text{V}$，$\dot{U}_2 = 40\sqrt{2}\angle -30°\text{V}$，求两正弦电压的瞬时值。

解：角频率

$$\omega = 2\pi f = 2\pi \times 50 = 100\pi(\text{rad/s})$$

对于 $\dot{U}_1$，其最大值 $U_{m1} = 20\sqrt{2}\text{V}$，初相角为 $\varphi_1 = 60°$。

对于 $\dot{U}_2$，其最大值 $U_{m2} = 40\sqrt{2} \times \sqrt{2} = 80(\text{V})$，初相角为 $\varphi_2 = -30°$。

因此，两正弦电压的瞬时值为

$$u_1 = U_{m1}\sin(\omega t + \varphi_1) = 20\sqrt{2}\sin(100\pi t + 60°)\text{V}$$
$$u_2 = U_{m2}\sin(\omega t + \varphi_2) = 80\sin(100\pi t - 30°)\text{V}$$

3.1.3 基尔霍夫定律的相量形式

1. 基尔霍夫电流定律的相量形式

根据正弦量和相量的关系，应用复数运算，可导出基尔霍夫电流定律（KCL）的相量表达式为

$$\sum \dot{I} = 0 \qquad\qquad (3-12)$$

这表明，在正弦稳态电路中，流出（或流入）任一节点的所有支路电流的相

量代数和等于零。

2. 基尔霍夫电压定律的相量形式

基尔霍夫电压定律（KVL）的相量表达形式为

$$\sum \dot{U} = 0 \tag{3-13}$$

这表明，在正弦稳态电路中，沿任一回路的所有电压的相量代数和等于零。

式（3-12）和式（3-13）中代数和的正、负号确定方法如1.8节所述。

【例3-5】正弦稳态电路中的一个节点 j，如图3-9所示，已知 $i_1 = 6\sin\omega t$ A，$i_2 = 10\sin(\omega t - 60°)$ A，求 i_3。

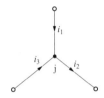

图3-9 ［例3-5］图

解：将 i_1 和 i_2 用有效值相量表示，即

$$\dot{I}_1 = \frac{6}{\sqrt{2}} \angle 0° = 3\sqrt{2} \angle 0° (\text{A})$$

$$\dot{I}_2 = \frac{10}{\sqrt{2}} \angle -60° = 5\sqrt{2} \angle -60° (\text{A})$$

由相量形式的 KCL，有

$$\dot{I}_1 - \dot{I}_2 + \dot{I}_3 = 0$$

$$\dot{I}_3 = \dot{I}_2 - \dot{I}_1 = 5\sqrt{2} \angle -60° - 3\sqrt{2} \angle 0° = -\frac{\sqrt{2}}{2} - j\frac{5\sqrt{6}}{2} \approx 6.16 \angle -83.4° (\text{A})$$

则所求为

$$i_3 = 6.16\sqrt{2} \sin(\omega t - 83.4°) \approx 8.71\sin(\omega t - 83.4°)(\text{A})$$

基尔霍夫定律在电力系统中的应用十分广泛，如潮流计算、短路计算等。

在电力公司反窃电检查工作中使用的电流检查法，也应用了基尔霍夫电流定律。窃电是指电力用户采用不计量或者少计量的非法手段，以实现不交或者少交电费的违法行为。窃电手段通常包括采用断流、欠流、失压以及移相或改变接线等手段来改变电能表的电流、电压等参数。反窃电是电力公司的重要工作。

电流检查法即通过检测电流初步判断电能表是否处于准确计量状态。用钳形电流表测量电能表的进线电流有效值 I_i 和出线电流有效值 I_o，同时使用反窃电掌机读取电能表的实时电流有效值 I。其中，进线电流有效值 I_i 为进入用户端的电流，出线电流 I_o 为用户实际使用电流，实时电流 I 为电能计量电流。测量实物图和电路示意图如图 3-10 所示。

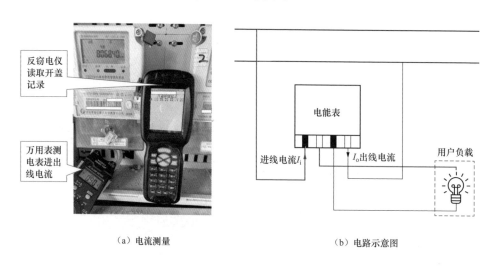

（a）电流测量　　　　　　　　（b）电路示意图

图 3-10　反窃电现场的电流检查法

电能表在正确计量的情况下，上述三个电流是相等的，即 $I_i = I = I_o$。若不相等，根据基尔霍夫电流定律可初步判定，在这三个测量点之间必定存在中间点引出了其他电流支路，且支路电流不为零。此时，电能表计量的电量将不等于用户实际用电量，需要进一步检查电能表的内部接线情况，通过测量和计算进一步判断是否存在窃电行为。

3.2

正弦稳态电路中的电阻元件

3.2.1 电阻的电压和电流关系

正弦交流电通过电阻元件时，电阻两端的电压是与电流频率相同的正弦量。当电压与电流取关联参考方向时，电压与电流的相位相同。电阻元件的电阻值等于电压与电流之比。本小节以图 3-11 所示的电阻元件电路为例进行说明。

正弦电流 $i_R = I_{mR}\sin\omega t$ 流过电阻元件 R，电压 u_R 为电阻元件两端的电压，u_R 和 i_R 取关联参考方向。根据欧姆定律可知，电阻元件中的电压、电流的关系为

$$u_R = Ri_R = RI_{mR}\sin\omega t = U_{mR}\sin\omega t \tag{3-14}$$

由此可知，u_R、i_R 瞬时值、幅值、有效值之间的关系分别为 $R = \dfrac{u_R}{i_R}$、$R = \dfrac{U_{mR}}{I_{mR}}$、

$R = \dfrac{U_R}{I_R}$。u_R 和 i_R 相位关系为同相位，即 $\varphi_u = \varphi_i$。

u_R 和 i_R 取关联参考方向时的波形如图 3-12 所示。

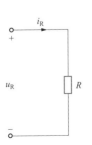

图 3-11　电阻元件的电路图

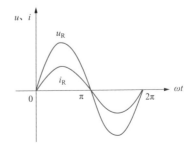

图 3-12　电阻元件的电压、电流的波形图

因此，电阻元件电压和电流的相量关系式为

$$\dot{U}_R = R\dot{I}_R \qquad (3-15)$$

电阻元件的相量模型和电压、电流相量关系如图 3-13 所示。

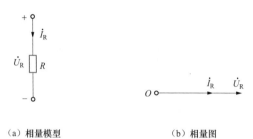

（a）相量模型　　　　　　　　　（b）相量图

图 3-13　电阻元件的相量模型和相量图

【例 3-6】一小灯泡的等效电阻为 10Ω，现施加 $U = 6.8$V 的正弦交流电压，试计算通过灯泡的电流 I。

解：通过灯泡的电流有效值为

$$I = \frac{U}{R} = \frac{6.8}{10} = 0.68(A)$$

3.2.2　电阻的功率

电阻元件吸收的瞬时功率为

$$p_R = u_R i_R = U_{mR} I_{mR} \sin^2 \omega t = U_R I_R (1 - \cos 2\omega t)$$

电阻元件瞬时功率波形如图 3-14 所示。

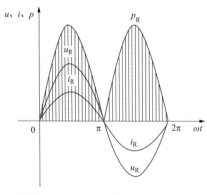

图 3-14　电阻元件瞬时功率波形图

由图 3-14 可见，电阻元件的瞬时功率恒为非负值。这表明，电阻元件总是在吸收功率。电路的瞬时功率在一个周期内的平均值称为平均功率，用大写字母 P 表示。可求得电阻元件的平均功率

$$P_R = U_R I_R = I_R^2 R = \frac{U_R^2}{R} \tag{3-16}$$

【例 3-7】将一只 220V、100W 的白炽灯泡，接到电压 $\dot{U} = 210\angle 45°\text{V}$ 的工频正弦交流电源上，求流过灯泡的电流 $\dot{I}$ 及灯泡实际吸收的平均功率 P。

解：该灯泡的电阻

$$R = \frac{U_N^2}{P_N} = \frac{220^2}{100} = 484(\Omega)$$

流过灯泡的电流

$$\dot{I} = \frac{\dot{U}}{R} = \frac{210\angle 45°}{484} = 0.43\angle 45°(\text{A})$$

灯泡实际吸收的平均功率

$$P = UI = 210 \times 0.43 = 90.3(\text{W})$$

3.3

正弦稳态电路中的电感元件

3.3.1　电感的电压和电流关系

正弦交流电流流过电感元件，电感元件两端的电压和电流均为频率相同的正弦量。当电压与电流取关联参考方向时，电流在相位上滞后电压 $\frac{\pi}{2}$（或电压超前电流 $\frac{\pi}{2}$）。电压与电流的幅值之比和有效值之比等于 ωL。本小

节以图 3-15 所示电感元件电路为例进行说明。

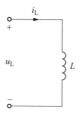

图 3-15　电感元件的电路图

正弦电流 $i_L = I_{mL}\sin\omega t$ 流过电感元件 L，两端将建立电压u_L。u_L 和i_L 参考方向取关联参考方向。电感元件两端电压为

$$u_L = L\frac{di_L}{dt} = \omega L I_{mL}\cos\omega t = U_{mL}\sin\left(\omega t + \frac{\pi}{2}\right) \qquad (3\text{-}17)$$

由此可知，u_L 和 i_L 幅值、有效值之间的关系为$\omega L = \dfrac{U_{mL}}{I_{mL}} = \dfrac{U_L}{I_L}$。$u_L$ 和 i_L 的相位关系为 u_L 超前 i_L，即$\varphi_u = \varphi_i + \dfrac{\pi}{2}$。

u_L 和 i_L 参考方向取关联参考方向，u_L 和 i_L 的波形如图 3-16 所示。

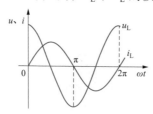

图 3-16　电感元件的电压、电流的波形图

根据 U_L 和 I_L 之间的关系可知，当电压 U_L 一定时，ωL 越大，电流 I_L 越小。由此可知，ωL 具有阻碍正弦电流通过的性质，故称其为感抗，用 X_L 表示，即

$$X_L = \omega L = 2\pi f L \qquad (3\text{-}18)$$

式中：感抗的单位与电阻相同，Ω。

与电阻不同的是，感抗是电路频率的函数，其大小随电路频率的变化而变化。感抗 X_L 与电感 L、频率 f 成正比。当频率 f 趋向无穷大时，感抗 X_L 也

随之趋向无穷大，此时电感元件相当于开路。对直流电路而言，频率 $f = 0$，感抗 $X_L = 0$，即在直流电路中电感元件相当于短路。

根据相量表示方法，可得电感元件电压和电流的相量关系式为

$$\dot{U}_L = \omega L \dot{I}_L \angle \frac{\pi}{2} = \mathrm{j}\omega L \dot{I}_L = \mathrm{j} X_L \dot{I}_L \qquad (3\text{-}19)$$

电感元件的相量模型、电压与电流关系的相量图如图 3-17 所示。

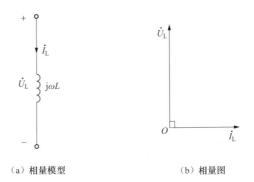

（a）相量模型　　　　　　　　（b）相量图

图 3-17　电感元件的相量模型和相量图

【例 3-8】某线圈的电感量为 1H，电阻可忽略不计。接在 $u = 220\sqrt{2}\sin 100\pi t$ V 的交流电源上，求电路中的电流。若电源频率为 100Hz，电压有效值不变，求电流的瞬时表达式。

解：由 $\omega = 2\pi f$ 可知，电源频率为

$$f = \frac{\omega}{2\pi} = \frac{100\pi}{2\pi} = 50(\text{Hz})$$

此时，电路中的电流幅值为

$$I_m = \frac{U_m}{\omega L} = \frac{220\sqrt{2}}{100 \times 3.14 \times 1} \approx 0.99(\text{A})$$

其瞬时值表达式为

$$i = 0.99\sin(100\pi t - 90°)\,\text{A}$$

当电源频率增大为 100Hz 时，电压有效值不变，由于电感 $X_L = 2\pi f L$ 正比于频率，所以电感上通过的电流有效值减半，其瞬时表达式为

$$i' \approx 0.50\sin(200\pi t - 90°)\,\text{A}$$

3.3.2 电感的功率

电感元件吸收的瞬时功率为

$$p_L = u_L i_L = U_{mL} I_{mL} \sin \omega t \cos \omega t = U_L I_L \sin 2\omega t$$

电感元件的瞬时功率的波形如图 3-18 所示。

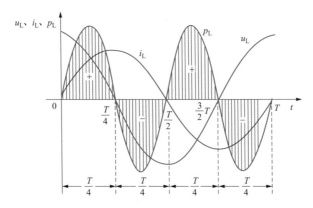

图 3-18　电感元件的电压、电流和功率的波形图

由图 3-18 可见，在第一个 1/4 周期，电流由零逐渐升至幅值，电感元件建立的磁场逐渐增强、储存的磁场能量不断增加，电压和电流的实际方向相同，$p_L > 0$，表明电感元件不断从外电路吸收电能并转化成磁场能量，储存于电感元件的磁场之中。在第二个 1/4 周期，电流从幅值逐渐下降到零，电容元件储存的电场能量逐渐减小到零，电压和电流的实际方向相反，$p_L < 0$，表明电感元件储存的磁场能量不断转化成电能送回外电路，即磁场逐渐消失的过程。第三个和第四个 1/4 周期分别与第一个和第二个 1/4 周期的情况相似，只是电流和磁场的方向相反。

在任意时刻 t，电感元件的电流为 $i(t)$，电感元件储存的磁场能量为

$$w_L(t) = \frac{1}{2} Li^2(t) \tag{3-20}$$

可见，在正弦交流电路中，电感元件与外电路之间不断进行着周期性的能量往返交换。在一个周期的时间内，电感元件所获得的总能量为零，即电

感元件吸收的平均功率为零，即

$$P_L = 0$$

为了衡量储能元件与外电路之间能量交换的规模，引入了无功功率这一物理量，用 Q 表示。无功功率 Q 为储能元件与外电路之间能量交换的最大速率，在数值上等于储能元件瞬时功率的最大值，因此，电感元件的无功功率为

$$Q_L = U_L I_L = I_L^2 X_L = \frac{U_L^2}{X_L} \tag{3-21}$$

无功功率也具有功率的量纲，单位用 var（乏）表示，其他常用的单位有 kvar（千乏）和 Mvar（兆乏）等。

3.3.3 电感的串联和并联

1. 电感的串联

在正弦稳态电路中，n 个电感串联，如图 3-19（a）所示。电感串联交流电路的等效电感为

$$L_{eq} = L_1 + \cdots + L_k + \cdots + L_n = \sum_{k=1}^{n} L_k \tag{3-22}$$

其等效电路如图 3-19（b）所示。

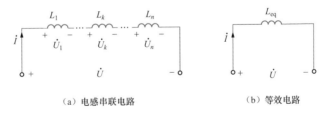

（a）电感串联电路   （b）等效电路

图 3-19　电感串联

根据 KCL 知，串联电路中各电感流过的电流相同，电路的总电压等于各串联电感的电压之和。由此可知，串联电感的数目越多，其等效电感就越大。

2. 电感的并联

在正弦稳态电路中，n 个电感并联，如图 3-20（a）所示。电感并联交流

电路的等效电感为

$$\frac{1}{L_{eq}} = \frac{1}{L_1} + \cdots + \frac{1}{L_k} + \cdots + \frac{1}{L_n} = \sum_{k=1}^{n} \frac{1}{L_k} \qquad (3\text{-}23)$$

其等效电路如图 3-20（b）所示。

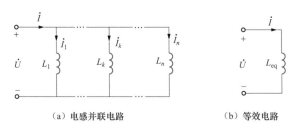

（a）电感并联电路　　　　　　　（b）等效电路

图 3-20　电感并联电路及其等效电路图

根据 KVL 可知，并联电路中各电感两端电压均为电源电压，电路的总电流等于流过各并联电感的电流之和。由此可知，并联电感的数目越多，其等效电感就越小。

电感元件是理想化的电路元件。实际的电感线圈的导线具有电阻，线匝之间、导线与大地之间均具有电容（称为分布电容），线圈中的磁介质中也可能产生能量损耗。电力系统中的线圈类设备有变压器、电抗器、放电线圈、消弧线圈等。

电力系统中常见的电抗器有串联电抗器和并联电抗器。

（1）串联电抗器主要用来限制短路电流，也可以在滤波器中与电容器串联（或并联）以限制电网中的高次谐波，如图 3-21（a）所示。

（2）并联电抗器主要用来吸收系统中的容性无功，如图 3-21（b）所示。500kV 系统中，高压电抗器和变电站的低压电抗器都是用来吸收架空线路充电电容无功；220、110、35、10kV 系统中，电抗器是用来吸收电缆线路的充电容性无功。

放电线圈常用于 35kV 系统中，如图 3-22 所示。将放电线圈与高压并联电容器组并联，当电容器从电力系统中切除后，放电线圈作为放电负荷，快速泄放电容器两端的残余电荷，以保证电容器的剩余电压在规定时间内达到要求值。放电线圈通常带有二次线圈，用于线路监控。

（a）串联电抗器

（b）并联电抗器

图 3-21　电力系统中电抗器的应用

图 3-22　放电线圈

消弧线圈主要用在中性点经消弧线圈接地的系统中，在系统发生单相接地故障后，消弧线圈可以提供电感电流来补偿对地的容性电流，其等效电路图如图 3-23 所示。在电力系统中，消弧线圈补偿的电感电流大于对地的电容电流，称为消弧线圈的过补偿。采用过补偿运行方式可避免发生谐振过电压的危害。

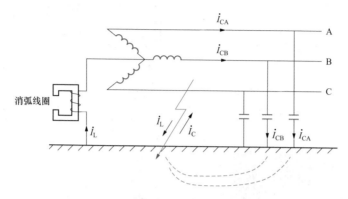

图 3-23　中性点经消弧线圈接地等效电路图

正弦稳态电路中的电容元件

3.4.1　电容的电压和电流关系

正弦交流电压加在电容元件两端，电容元件的电流也是频率相同的正弦量。当电压与电流取关联参考方向时，电流超前电压 $\dfrac{\pi}{2}$（或电压滞后电流 $\dfrac{\pi}{2}$）。电压与电流幅值之比和有效值之比等于 $\dfrac{1}{\omega C}$。本小节以图 3-24 所示的电容元件电路为例进行说明。

正弦电压 $u_C = U_{mC}\sin\omega t$ 加在电容元件 C 两端，电路中产生电流 i_C。u_C 和 i_C 参考方向取关联参考方向，电容元件中流过电流为

$$i_C = C\frac{\mathrm{d}u_C}{\mathrm{d}t} = \omega C U_{\mathrm{mC}}\cos\omega t = I_{\mathrm{mC}}\sin\left(\omega t + \frac{\pi}{2}\right) \tag{3-24}$$

由此可知，u_C 和 i_C 的幅值、有效值之间的关系为 $\dfrac{1}{\omega C} = \dfrac{U_{\mathrm{mC}}}{I_{\mathrm{mC}}} = \dfrac{U_C}{I_C}$。$u_C$ 和

i_C 相位关系为 u_C 滞后 i_C，即 $\varphi_i = \varphi_u + \dfrac{\pi}{2}$。

u_C 和 i_C 参考方向取关联参考方向，u_C 和 i_C 的波形如图 3-25 所示。

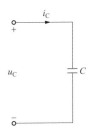

图 3-24　电容元件电路图　　　　图 3-25　电容元件的电压、电流波形图

根据 U_C 和 I_C 之间的关系可知，当电压 U_C 一定时，$\dfrac{1}{\omega C}$ 越大，电流 I_C 越

小。由此可知，$\dfrac{1}{\omega C}$ 具有阻碍正弦电流通过的性质，故称其为容抗，用 X_C 表

示，即

$$X_C = \frac{1}{\omega C} = \frac{1}{2\pi f C} \tag{3-25}$$

式中：容抗的单位与电阻相同，为 Ω。

与电阻不同的是，容抗是电路频率的函数，容抗的大小随电路频率的变化而变化。容抗 X_C 与电容 C、频率 f 成反比。当频率 f 趋向无穷大时，容抗 X_C 趋向于 0，此时电容元件相当于短路。对于直流电路而言，频率 $f = 0$，容抗 X_C 趋向无穷大，即在直流电路中电容元件相当于开路。电容元件具有隔断直流、传递交流的作用，频率越高，电流越容易通过电容元件。

根据相量表示方法，可得电容元件的电压、电流相量关系为

$$\dot{U}_C = \frac{1}{\omega C}\dot{I}_C \angle -\frac{\pi}{2} = -\mathrm{j}\frac{1}{\omega C}\dot{I}_C = -\mathrm{j}X_C\dot{I}_C \tag{3-26}$$

电容元件的相量模型、电压与电流关系的相量图如图 3-26 所示。

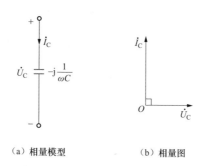

（a）相量模型　　　　　　（b）相量图

图 3-26　电容元件的相量模型和相量图

【例 3-9】电容元件的正弦稳态电路中，电压有效值不变，当频率增大 n 倍时，求电路中电流。

解：设原频率下 $u = U_\mathrm{m}\sin(\omega t + \varphi)$，$i = I_\mathrm{m}\sin(\omega t + \varphi)$，则容抗为

$$X_\mathrm{C} = \frac{U_\mathrm{m}}{I_\mathrm{m}} = \frac{1}{\omega C}$$

当频率增大 n 倍时，有 $\omega' = 2\pi f' = 2\pi nf = n\omega$，容抗变为

$$X_\mathrm{C}' = \frac{1}{\omega' C} = \frac{1}{n\omega C} = \frac{1}{n}X_\mathrm{C}$$

又因为电压有效值不变，则频率增大后 $u' = U_\mathrm{m}\sin(n\omega t + \varphi)$，故电路中的电流为

$$i' = \frac{U_\mathrm{m}}{X_\mathrm{C}'}\sin(n\omega t + \varphi) = \frac{U_\mathrm{m}}{X_\mathrm{C}/n}\sin(n\omega t + \varphi) = nI_\mathrm{m}\sin(n\omega t + \varphi)$$

3.4.2　电容的功率

电容元件吸收的瞬时功率为

$$p_\mathrm{C} = u_\mathrm{C}i_\mathrm{C} = U_\mathrm{mC}I_\mathrm{mC}\sin\omega t\cos\omega t = U_\mathrm{C}I_\mathrm{C}\sin 2\omega t$$

电容元件的瞬时功率的波形如图 3-27 所示。

由图 3-27 可见，在第一个 1/4 周期，电压由零逐渐升至幅值，电容元件建立的电场逐渐增强、储存的电场能量不断增加，电压和电流的实际方向相

同，$p_C > 0$，表明电容元件不断从外电路吸收电能并转化成电场能量，即电容元件的充电过程。在第二个 1/4 周期，电压从幅值逐渐下降到零，电容元件储存的电场能量逐渐减小到零，电压和电流的实际方向相反，$p_C < 0$，表明电容元件将储存的电场能量不断转化成电能送回到外电路，即电容元件的放电过程。第三个和第四个 1/4 周期分别与第一个和第二个 1/4 周期的情况相似，只是电容元件充放电的方向相反。

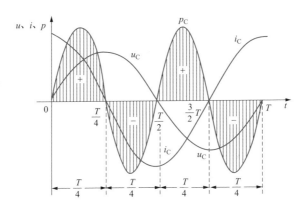

图 3-27 电容元件的电压、电流和功率的波形图

在任意时刻 t，电容元件的电压为 $u(t)$。电容元件储存的电场能量为

$$w_C(t) = \frac{1}{2}Cu^2(t) \tag{3-27}$$

可见，在正弦交流电路中，电容元件不断进行周期性的正、反两个方向充放电，同时电容元件与外电路之间不断进行着周期性的能量往返交换。在一个周期的时间内，电容元件所获得的总能量为零，即电容元件吸收的平均功率为零，有

$$P_C = 0$$

由无功功率的定义可知，电容元件的无功功率等于其瞬时功率的最大值，即

$$Q_C = U_C I_C = I_C^2 X_C = \frac{U_C^2}{X_C} \tag{3-28}$$

为了区别电感元件和电容元件的无功功率，通常将电感元件的无功功率称为感性无功功率，而将电容元件的无功功率称为容性无功功率。

3.4.3 电容的串联和并联

1. 电容的串联

在正弦稳态电路中，n 个电容串联，如图 3-28（a）所示。电容串联交流电路的等效电容为

$$\frac{1}{C_{eq}} = \frac{1}{C_1} + \cdots + \frac{1}{C_k} + \cdots + \frac{1}{C_n} = \sum_{k=1}^{n} \frac{1}{C_k} \tag{3-29}$$

其等效电路如图 3-28（b）所示。

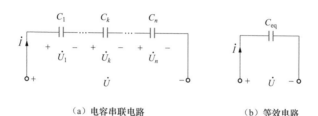

（a）电容串联电路　　　　　　（b）等效电路

图 3-28　电容串联电路及其等效电路图

根据 KCL 知，各电容中流过的电流相同；根据 KVL，电路的总电压等于各串联电容的电压之和。由此可知，串联电容的数目越多，其等效电容就越小。这是因为电容串联相当于增大了极板间的距离，所以电容量就减小了。

【例 3-10】有电容量 $C_1 = 200\mu F$、耐压为 500V 和电容量 C_2 为 300μF、耐压为 900V 的两只电容器，求两只电容器串联起来后的总电容量。电容器串联以后若在两端加 1000V 电压，是否会被击穿？

解：两只电容器串联后的总电容为

$$C = \frac{C_1 C_2}{C_1 + C_2} = \frac{200 \times 300}{200 + 300} = 120(\mu F)$$

两只电容器串联后加 1000V 电压，则 C_1、C_2 两端的电压 U_1、U_2 分别为

$$U_1 = \frac{C_2}{C_1 + C_2} U = \frac{300}{200 + 300} \times 1000 = 600(V)$$

$$U_2 = \frac{C_1}{C_1 + C_2} U = \frac{200}{200 + 300} \times 1000 = 400(V)$$

因此，将两只电容器串联起来后的总电容量为 120μF。电容 C_1 两端的电压是 600V，超过电容 C_1 的耐压 500V，所以 C_1 被击穿。在 C_1 击穿后，1000V 电压全部加在电容 C_2 上，所以 C_2 也会被击穿。

2. 电容的并联

在正弦稳态电路中，n 个电容并联，如图 3-29（a）所示。电容并联交流电路的等效电容为

$$C_{\text{eq}} = C_1 + \cdots + C_k + \cdots + C_n = \sum_{k=1}^{n} C_k \qquad (3\text{-}30)$$

其等效电路如图 3-29 所示。

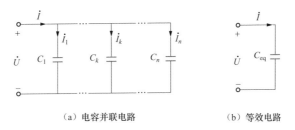

（a）电容并联电路   （b）等效电路

图 3-29　电容并联电路及其等效电路图

根据 KVL 可知，各电容两端电压均为电源电压；根据 KCL 可知，电路的总电流等于流过各并联电容的电流之和。由此可知，并联电容的数目越多，其等效电容就越大。这是因为电容并联相当于增大了极板的面积，所以电容量就增大了。

【例 3-11】一台电容分压器高压臂 C_1 由 4 节 100kV、0.0066μF 的电容器串联组成，低压臂 C_2 由 2 节 2.0kV、2μF 的电容器并联组成，测量电压 U_1 为交流 400kV。求电容分压高、低压臂电容 C_1、C_2，分压比 K，低压臂电压 U_2。

解：首先画出等效电路，如图 3-30 所示。高压臂电容 C_1 由 4 节电容串联组成，则

$$C_1 = \frac{C}{n} = \frac{0.0066}{4} \times 10^6 = 1650(\text{pF})$$

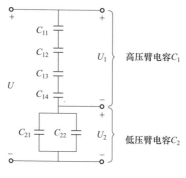

图 3-30 ［例 3-11］图

低压臂电容 C_2 由 2 节 2.0μF 的电容器并联组成，则

$$C_2 = 2 \times 2 = 4(\mu F)$$

电容分压器分压比

$$K = \frac{U}{U_2} = \frac{C_1 + C_2}{C_1} = \frac{1650 \times 10^{-6} + 4}{1650 \times 10^{-6}} \approx 2425$$

低压臂的电压

$$U_2 = \frac{U_1}{K} = \frac{400 \times 10^3}{2425} \approx 165(V)$$

【例 3-12】某 500kV 变电站 35kV 1 号电容器组例行试验，电容器组设备接线如图 3-31（a）所示，试验人员测得 A 相各电容的电容值见表 3-1，求该电容器组的上层电容 C_{up} 和下层电容 C_{down}。

表 3-1　　　　　　　　　　　电容器组各电容测试值

编号	C_1	C_2	C_3	C_4	C_5	C_6	C_7	C_8	C_9	C_{10}
电容值（μF）	12.12	12.12	12.10	12.21	12.10	12.03	12.09	12.15	12.01	12.20
编号	C_{11}	C_{12}	C_{13}	C_{14}	C_{15}	C_{16}	C_{17}	C_{18}	C_{19}	C_{20}
电容值（μF）	12.06	12.03	12.16	12.23	12.05	12.19	12.13	12.11	12.13	12.07

解：从电容器组实物图可见，每一横排的 5 个电容是并联接线，第一横排与第二横排是串联接线，其总电容为上层电容。第三横排与第四横排也是串联接线，其总电容为下层电容。电容器组的等效电路图如图 3-31（b）所示，

故有

$$C_{\text{up}} = 1 \bigg/ \left(\cfrac{1}{C_1 + \cdots + C_5} + \cfrac{1}{C_6 + \cdots + C_{10}} \right) = 1 \bigg/ \left(\cfrac{1}{60.65} + \cfrac{1}{60.48} \right) \approx 30.28(\mu\text{F})$$

$$C_{\text{down}} = 1 \bigg/ \left(\cfrac{1}{C_{11} + \cdots + C_{15}} + \cfrac{1}{C_{16} + \cdots + C_{20}} \right) = 1 \bigg/ \left(\cfrac{1}{60.53} + \cfrac{1}{60.63} \right) \approx 30.29(\mu\text{F})$$

（a）电容器组实物图

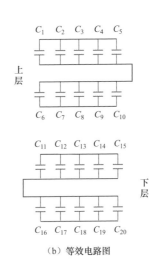

（b）等效电路图

图 3-31　电容器组

阻 抗 和 导 纳

3.5.1　复阻抗和复导纳的定义和性质

1. 复阻抗

对于正弦稳态电路中任一无源二端网络，如图 3-32（a）所示，端口电压和端口电流取关联参考方向的情况下，端口电压相量 $\dot{U}$ 与端口电流相量 $\dot{I}$ 之比，称为该无源二端网络的复阻抗（简称阻抗），用 Z 表示，即

$$Z = \frac{\dot{U}}{\dot{I}} = |Z| \angle \varphi_z \qquad (3\text{-}31)$$

式中：$|Z|$ 称为阻抗模，其值等于端口电压的有效值和端口电流的有效值之比，$|Z| = \dfrac{U}{I}$；φ_z 称为阻抗角，其值等于端口电压超前端口电流的相位角，$\varphi_z = \varphi_u - \varphi_i$。

阻抗 Z 的电路符号与电阻相同，如图 3-32（b）所示。

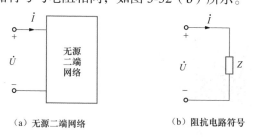

（a）无源二端网络   （b）阻抗电路符号

图 3-32　无源二端网络的阻抗

阻抗 Z 可表示为代数形式

$$Z = R + jX \qquad (3\text{-}32)$$

式中：R 称为 Z 的电阻；X 称为 Z 的电抗。

$$\left. \begin{array}{l} R = |Z|\cos\varphi_z \\ X = |Z|\sin\varphi_z \end{array} \right\} \qquad (3\text{-}33)$$

或

$$\left. \begin{array}{l} |Z| = \sqrt{R^2 + X^2} \\ \varphi_z = \arctan\dfrac{X}{R} \end{array} \right\} \qquad (3\text{-}34)$$

R、X、Z 三者之间的关系可用图 3-33 所示的直角三角形来表示，这个直角三角形称为阻抗三角形。

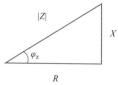

图 3-33　阻抗三角形

由此可知，正弦稳态电路中任一无源二端网络的相量模型都可以用一个电阻 R 和电抗 X 串联的电路来等效替代。

当 $X = 0$ 时，二端网络为电阻性网络，可用一个电阻元件来等效。

当 $X > 0$ 时，二端网络为电感性网络，电抗 X 为感性，电路可等效为电阻和感抗串联，如图 3-34（a）所示。

当 $X < 0$ 时，二端网络为电容性网络，电抗 X 为容性，电路可等效为电阻和容抗串联，如图 3-34（b）所示。

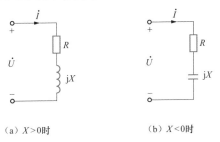

（a） $X > 0$ 时　　　　　　（b） $X < 0$ 时

图 3-34　无源二端网络的阻抗串联等效电路

【例 3-13】正弦稳态电路如图 3-35 所示，求电路的等效阻抗表达式。试回答当满足什么条件时电路为纯阻性？

解：电路的等效阻抗为

$$Z = \frac{(R + jX_L)(-jX_C)}{R + jX_L - jX_C} = \frac{X_C[RX_C - j(R^2 + X_L^2 - X_C X_L)]}{R^2 + (X_L - X_C)^2}$$

电路为纯阻性时，阻抗 Z 的虚部为零，需满足的条件为

$$R^2 + X_L^2 - X_C X_L = 0$$

【例 3-14】某电路电压 $U = 380\text{V}$，$f = 50\text{Hz}$，如图 3-36 所示，开关 S 打开与合上时流过电流表的电流均为 5A，求电感 L 的大小。

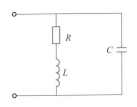

图 3-35　[例 3-13] 图

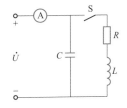

图 3-36　[例 3-14] 图

解：开关 S 打开时，电路阻抗的模

$$|Z| = \frac{U}{I} = X_C = \frac{380}{5} = 76(\Omega)$$

开关 S 闭合时，电路阻抗的模

$$|Z'| = \left| \frac{-jX_C(R + jX_L)}{-jX_C + (R + jX_L)} \right| = \frac{X_C\sqrt{R^2 + X_L^2}}{\sqrt{R^2 + (X_L - X_C)^2}}$$

根据题意，有 $|Z| = |Z'|$，即

$$X_C = \frac{X_C\sqrt{R^2 + X_L^2}}{\sqrt{R^2 + (X_L - X_C)^2}}$$

因此，可得

$$X_L^2 = (X_L - X_C)^2$$

所以

$$X_L = \frac{X_C}{2} = 38(\Omega)$$

$$L = \frac{X_L}{\omega} = \frac{X_L}{2\pi f} = \frac{38}{2\pi \times 50} = 0.12(H)$$

在电力系统中，确保电气设备正常运行和人员安全的接地装置，其接地阻抗是需要定期测量的重要指标。常用的方法是电压—电流表法，其接线如图 3-37 所示。

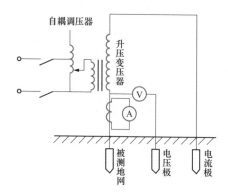

图 3-37　电压—电流表法测量接地阻抗接线图

接地阻抗的模为

$$|Z| = \frac{U}{I}$$

式中：Z 为接地阻抗；U 为电压表测得被测接地电极与电压辅助电极间的电压；I 为流过被测接地电极的电流。

除了接地阻抗，电力系统中还有发电机阻抗、线路阻抗、变压器阻抗等。从电源接入点往电源侧看，呈现出的阻抗称为电力系统的阻抗。阻抗一般为复数，主要呈感性，是由发电机阻抗、线路阻抗、变压器阻抗叠加而成的。由于电力网络十分复杂，要精确计算电力系统阻抗是个庞大的工程，电力公司一般每年会进行一次阻抗验算，作为系统设计、保护整定的依据。

2. 复导纳

正弦稳态电路中任一无源二端网络，在端口电压和端口电流取关联参考方向的情况下，端口电流相量 $\dot{I}$ 与端口电压相量 $\dot{U}$ 的比值，称为该无源二端网络的复导纳（简称导纳），用 Y 表示，即

$$Y = \frac{\dot{I}}{\dot{U}} = |Y| \angle \varphi_Y \tag{3-35}$$

式中：$|Y|$ 称为导纳模，其值等于端口电流的有效值和端口电压的有效值之比，$|Y| = \frac{I}{U}$；φ_Y 称为导纳角，其值等于端口电流超前端口电压的相位角，$\varphi_Y = \varphi_i - \varphi_u$。

导纳 Y 也不是一个正弦量，而是一个复数，其代数形式为

$$Y = G + jB \tag{3-36}$$

式中：实部 G 称为导纳 Y 的电导分量，其单位为 S；虚部 B 称为 Y 的电纳分量，其单位为 S。

由此可知，正弦稳态电路中任一无源二端网络的相量模型都可以用一个电导 G 和电纳 B 并联的电路来等效替代，如图 3-38 所示。

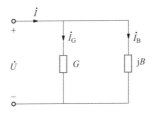

图 3-38　无源二端网络的导纳并联等效电路图

【例 3-15】已知某无源二端网络端电压 $u = 110\sqrt{2}\sin(100\pi t + 60°)$ V，电流 $i = 10\sqrt{2}\sin(100\pi t + 30°)$ A，求该无源二端网络的阻抗和导纳，并画出相应的无源二端网络的阻抗串联和导纳并联等效电路图。

解：端口电压为

$$\dot{U} = 110\angle 60° \text{V}$$

电流为

$$\dot{I} = 10\angle 30° \text{A}$$

阻抗为

$$Z = \frac{\dot{U}}{\dot{I}} = \frac{110\angle 60°}{10\angle 30°} = 11\angle 30° \approx 9.5 + \text{j}5.5 (\Omega)$$

导纳为

$$Y = \frac{1}{Z} = \frac{1}{11\angle 30°} = 0.09\angle -30° \approx 0.078 - \text{j}0.045 (\text{S})$$

画出无源二端网络等效电路图，如图 3-39 所示。

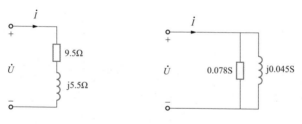

（a）阻抗串联等效电路　　　　　（b）导纳并联等效电路

图 3-39　等效电路图

3. 阻抗和导纳的等效变换

由阻抗和导纳的定义可知，对同一个二端网络，有

$$Y = \frac{1}{Z} = \frac{1}{R + \text{j}X} = \frac{R}{R^2 + X^2} + \text{j}\frac{-X}{R^2 + X^2} = G + \text{j}B$$

或

$$Z = \frac{1}{Y} = \frac{1}{G + \text{j}B} = \frac{G}{G^2 + B^2} + \text{j}\frac{-B}{G^2 + B^2} = R + \text{j}X$$

由此可知，图 3-40（a）所示阻抗串联等效电路，可变换为图 3-40（b）

所示电导与电纳并联的等效电路，反之亦然。

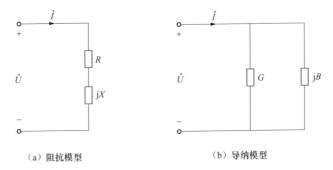

（a）阻抗模型　　　　　　（b）导纳模型

图 3-40　阻抗与导纳两种模型的等效变换

由阻抗模型转化为导纳模型时，各分量的计算式为

$$\left.\begin{array}{l} G = \dfrac{R}{R^2 + X^2} \\ B = \dfrac{-X}{R^2 + X^2} \end{array}\right\} \qquad (3\text{-}37)$$

由导纳模型转化为阻抗模型时，各分量的计算式为

$$\left.\begin{array}{l} R = \dfrac{G}{G^2 + B^2} \\ X = \dfrac{-B}{G^2 + B^2} \end{array}\right\} \qquad (3\text{-}38)$$

3.5.2　阻抗的串联和并联

1. 阻抗的串联

如图 3-41（a）所示，在正弦稳态电路中，有 n 个阻抗串联，电压和电流取关联参考方向。

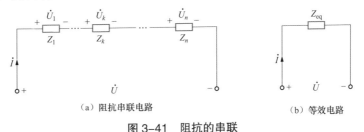

（a）阻抗串联电路　　　　　　（b）等效电路

图 3-41　阻抗的串联

由 KVL 知，n 个阻抗串联电路的等效阻抗等于各个串联阻抗之和，即

$$Z_{eq} = \frac{\dot{U}}{\dot{I}} = Z_1 + \cdots + Z_k + \cdots + Z_n = \sum_{k=1}^{n} Z_k \qquad (3\text{-}39)$$

等效电路如图 3-41（b）所示，可见，阻抗的串联计算与电阻的串联计算在形式上相似。各个阻抗上的电压为

$$\dot{U}_k = \frac{Z_k}{Z_{eq}} \dot{U}, \quad k = 1,2,\cdots,n \qquad (3\text{-}40)$$

式中：$\dot{U}$ 为总电压；$\dot{U}_k$ 为第 k 个阻抗 Z_k 上的电压。

【例 3-16】如图 3-42 所示，将两个阻抗 $Z_1 = (3+j9)\Omega$ 和 $Z_2 = (5-j)\Omega$ 串联接在 $\dot{U} = 220\angle 45°\text{V}$ 的电源上，求 $\dot{I}$、$\dot{U}_1$ 和 $\dot{U}_2$。

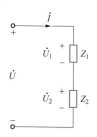

图 3-42 ［例 3-16］图

解：串联总阻抗为

$$Z = Z_1 + Z_2 = (3+5) + j(9-1) = 8 + j8 = 8\sqrt{2}\angle 45°(\Omega)$$

电路中的电流为

$$\dot{I} = \frac{\dot{U}}{Z} = \frac{220\angle 45°}{8\sqrt{2}\angle 45°} \approx 19.45\angle 0°(\text{A})$$

阻抗上的电压分别为

$$\dot{U}_1 = Z_1 \dot{I} = (3+j9) \times 19.45\angle 0° \approx 184.52\angle 71.57°(\text{V})$$

$$\dot{U}_2 = Z_2 \dot{I} = (5-j) \times 19.45\angle 0° \approx 99.18\angle -11.31°(\text{V})$$

2. 复阻抗的并联

如图 3-43（a）所示，在正弦稳态电路中，有 n 个阻抗并联，电压和电流取关联参考方向。

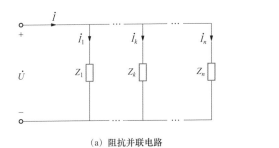
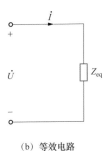

(a) 阻抗并联电路　　　　　　　　(b) 等效电路

图 3-43　阻抗的并联

由 KVL 知，电路等效阻抗的倒数等于各个并联阻抗的倒数之和，即

$$\frac{1}{Z_{eq}} = \frac{\dot{I}}{\dot{U}} = \frac{1}{Z_1} + \cdots + \frac{1}{Z_k} + \cdots + \frac{1}{Z_n} = \sum_{k=1}^{n} \frac{1}{Z_k} \tag{3-41}$$

等效电路如图 3-43（b）所示。各个阻抗中的电流为

$$\dot{I}_k = \frac{Z_{eq}}{Z_k} \dot{I}, \quad k = 1, 2, \cdots, n \tag{3-42}$$

式中：$\dot{I}$ 为总电流；$\dot{I}_k$ 为第 k 个阻抗 Z_k 中的电流。

【例 3-17】如图 3-44 所示，两个阻抗 $Z_1 = (8 - j6)\Omega$、$Z_2 = (3 + j4)\Omega$ 并联接在 $\dot{U} = 220\angle 45°\text{V}$ 的电源上，求 $\dot{I}$、$\dot{I}_1$ 和 $\dot{I}_2$。

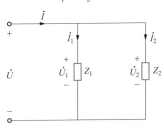

图 3-44　［例 3-17］图

解：并联的总阻抗

$$Z = \frac{Z_1 Z_2}{Z_1 + Z_2} = \frac{10\angle -37° \times 5\angle 53°}{8 - j6 + 3 + j4} \approx \frac{50\angle 16°}{11.18\angle -10.30°} \approx 4.47\angle 26.30°(\Omega)$$

电流分别为

$$\dot{I}_1 = \frac{\dot{U}}{Z_1} = \frac{220\angle 45°}{8 - j6} \approx \frac{220\angle 45°}{10\angle -36.87°} = 22\angle 81.87°(\text{A})$$

$$\dot{I}_2 = \frac{\dot{U}}{Z_2} = \frac{220\angle 45°}{3+j4} \approx \frac{220\angle 45°}{5\angle 53.13°} = 44\angle -8.13°(A)$$

$$\dot{I} = \frac{\dot{U}}{Z} = \frac{220\angle 45°}{4.47\angle 26.30°} \approx 49.22\angle 18.70°(A)$$

【例 3-18】某交流电路如图 3-45 所示，已知 $U = 220V$，$R_1 = 2\Omega$，$R_2 = 4\Omega$，$X_L = 15.7\Omega$，$X_C = 11.4\Omega$，试求电路的总电流 $\dot{I}$。

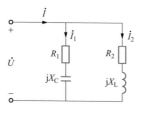

图 3-45 ［例 3-18］图

解：由并联等效阻抗求总电流，等效阻抗为

$$Z = \frac{Z_1 Z_2}{Z_1 + Z_2} = \frac{11.6\angle -80° \times 16.2\angle 75.7°}{2-j11.4+4+j15.7} = \frac{188\angle -4.3°}{7.38\angle 35.3°} \approx 25.47\angle -39.6°(\Omega)$$

$$\dot{I} = \frac{\dot{U}}{Z} = \frac{220\angle 0°}{25.47\angle -39.6°} \approx 8.64\angle -39.6°(A)$$

注意：本题也可由支路电流求总电流。

3.6

正弦稳态电路的分析方法

研究分析电路在正弦稳态情况下各部分的电流、电压、功率等情况，称为正弦稳态分析。在正弦稳态电路中引入电压、电流相量后，给出了相量形式的基尔霍夫定律及各元件的欧姆定律，由复阻抗和复导纳的概念，导出了阻抗的串并联、分流及分压公式。这些公式在形式上与直流电路中相应的公式相似。由此可以推知，分析直流电阻电路所使用的各种方法和定理同样适合于正弦稳态电路，只要将电路中的电流和电压用相量来表示，元件参数用阻抗或导纳来表示，得到电路的相量模型，然后根据 KCL、KVL 和欧姆定律的相量形式列出求解电路的相量形式的代数方程，方程的运算则为复数运算。同理，在正弦稳态情况下，回路电流法、节点电压法、叠加定理、戴维南定理等定理都可以应用。本节将结合实例进行说明。

3.6.1　回路电流法

回路电流法是以一组独立回路电流作为变量，列写电路方程求解电路变量的方法。在正弦稳态电路的分析中，首先将时域电路转化为相量模型，然后对各独立回路列写相量方程进而求解。回路电流方程的一般形式为

$$\left.\begin{array}{l}Z_{11}\dot{I}_{l1} + Z_{12}\dot{I}_{l2} + \cdots + Z_{1l}\dot{I}_{ll} = \dot{U}_{s11}\\ Z_{21}\dot{I}_{l1} + Z_{22}\dot{I}_{l2} + \cdots + Z_{2l}\dot{I}_{ll} = \dot{U}_{s22}\\ \cdots\cdots\\ Z_{l1}\dot{I}_{l1} + Z_{l2}\dot{I}_{l2} + \cdots + Z_{ll}\dot{I}_{ll} = \dot{U}_{sll}\end{array}\right\} \qquad (3\text{-}43)$$

式中：$\dot{I}_{l1}$，$\dot{I}_{l2}$，$\cdots$为回路电流；Z_{11}，Z_{22}，$\cdots$为双下标相同的复阻抗，是节点的自复阻抗；Z_{12}，Z_{21}，$\cdots$为双下标不同的复阻抗，是节点的互复阻抗；$\dot{U}_{s11}$，$\dot{U}_{s22}$，$\cdots$为某回路中电压源的代数和。方程中各项取正值或取负值与直流电阻电路中相同。

【例 3-19】某正弦稳态电路如图 3-46 所示，已知，$R_1 = X_C = 10\Omega$，$R_2 = R_3 = X_L = 20\Omega$，$\dot{U}_s = 200\angle-90°\text{V}$，$\dot{I}_s = 10\angle0°\text{A}$，用回路电流法求电容支路上的电流$\dot{I}$。

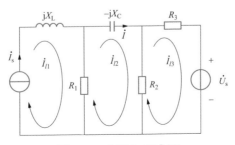

图 3-46　［例 3-19］图

解：设回路电流为 $\dot{I}_{l1}$、$\dot{I}_{l2}$、$\dot{I}_{l3}$，参考方向如图 3-46 所示，因 $\dot{I}_{l1}=\dot{I}_{s}$，故只需列两个回路方程

$$\left.\begin{aligned}(R_1+R_2-\mathrm{j}X_\mathrm{C})\dot{I}_{l2}-R_2\dot{I}_{l3}-R_1\dot{I}_{l1}=0\\-R_2\dot{I}_{l2}+(R_2+R_3)\dot{I}_{l3}=-\dot{U}_\mathrm{s}\end{aligned}\right\}$$

即

$$\left.\begin{aligned}(10+20-\mathrm{j}10)\dot{I}_{l2}-20\dot{I}_{l3}-10\angle0°=0\\-20\dot{I}_{l2}+(20+20)\dot{I}_{l3}=-200\angle-90°\end{aligned}\right\}$$

解得电容支路上的电流为

$$\dot{I}=\dot{I}_{l2}=6.32\angle71.57°\mathrm{A}$$

3.6.2　节点电压法

使用节点电压法分析正弦稳态电路时，以电路中节点电压为未知量，标出节点，并将其中一个节点选为参考节点，根据 KCL 列写向量形式的独立节点电流方程，然后联立求解出节点电压，方程的运算则为复数运算。节点电压方程的一般形式为

$$\left.\begin{aligned}Y_{11}\dot{U}_{n1}+Y_{12}\dot{U}_{n2}+\cdots+Y_{1(n-1)}\dot{U}_{n(n-1)}=\dot{I}_{\mathrm{s}11}\\Y_{21}\dot{U}_{n1}+Y_{22}\dot{U}_{n2}+\cdots+Y_{2(n-1)}\dot{U}_{n(n-1)}=\dot{I}_{\mathrm{s}22}\\\cdots\cdots\\Y_{(n-1)1}\dot{U}_{n1}+Y_{(n-1)2}\dot{U}_{n2}+\cdots+Y_{(n-1)(n-1)}\dot{U}_{n(n-1)}=\dot{I}_{\mathrm{s}(n-1)(n-1)}\end{aligned}\right\}\quad(3\text{-}44)$$

式中：$\dot{U}_{n1}$，$\dot{U}_{n2}$，…为节点电压；Y_{11}，Y_{22}，…为双下标相同的导纳，是节点的自导纳；Y_{12}，Y_{21}，…为双下标不同的导纳，是节点的互导纳；$\dot{I}_{\mathrm{s}11}$，$\dot{I}_{\mathrm{s}22}$，…为各独立节点上所连电流源的代数和。方程中各项取正值或负值与直流电阻电路中相同。

【例 3-20】如图 3-47 所示正弦稳态电路，试列写节点电压方程。

解：电路中一共有 3 个节点，取节点③作为参考节点，其余两个节点的节点电压相量分别为列出节点方程为 $\dot{U}_1$、$\dot{U}_2$。根据节点法可列出节点电压方程为

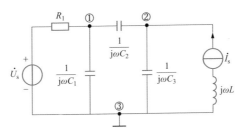

图 3-47 ［例 3-20］图

$$Y_{11}\dot{U}_1 + Y_{12}\dot{U}_2 = \dot{I}_{s11} \bigg\}$$
$$Y_{21}\dot{U}_1 + Y_{22}\dot{U}_2 = \dot{I}_{s22} \bigg\}$$

各导纳为

$$Y_{11} = \frac{1}{R_1} + j\omega C_1 + j\omega C_2 \Bigg\}$$

$$Y_{22} = j\omega C_2 + j\omega C_3 + \frac{1}{j\omega L} \Bigg\}$$

$$Y_{12} = -j\omega C_2 \bigg\}$$
$$Y_{21} = -j\omega C_2 \bigg\}$$

电流为

$$\dot{I}_{s11} = \frac{\dot{U}_s}{R_1} \Bigg\}$$

$$\dot{I}_{s22} = \dot{I}_s \Bigg\}$$

将上述变量代入节点电压方程，整理得电路的节点电压方程的相量形式为

$$\left(\frac{1}{R_1} + j\omega C_1 + j\omega C_2\right)\dot{U}_1 - j\omega C_2\dot{U}_2 = \frac{\dot{U}_s}{R_1} \Bigg\}$$

$$-j\omega C_2\dot{U}_1 + \left(j\omega C_2 + j\omega C_3 + \frac{1}{j\omega L}\right)\dot{U}_2 = \dot{I}_s \Bigg\}$$

3.6.3 戴维南定理在正弦稳态电路中的应用

在正弦稳态情况下，网络的各种定理都可以应用，如叠加定理、替代定

理、戴维南定理、诺顿定理等。叠加定理是指，在线性电路中，任一支路的电流（或电压）可以看成是电路中每一个独立电源单独作用于电路时，在该支路产生的电流（或电压）的代数和。戴维南定理和诺顿定理能将复杂电路中的有源二端网络等效为电源支路，常用于简化电路。

本小节重点介绍戴维南定理。有源二端网络 Ns 的戴维南定理的等效电路如图 3-48 所示。图中，$\dot{U}_{oc}$ 为含源一端口网络 Ns 的开路电压，Z_{eq} 为一端口网络内部独立电源置零后的等效复阻抗。

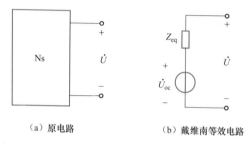

（a）原电路　　　　　　（b）戴维南等效电路

图 3-48　戴维南等效电路

【例 3-21】正弦稳态电路如图 3-49 所示，已知 $u_s(t) = \sqrt{2}\sin(2t - 45°)\,\mathrm{V}$，要使 R 上获得最大功率，求此时的电容 C。

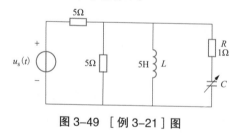

图 3-49　[例 3-21]图

解：已知 $\dot{U}_s = 1\angle - 45°\mathrm{V}$，$\omega = 2\mathrm{rad/s}$，将图 3-49 所示电路逐步转化成戴维南等效电路，如图 3-50 所示。

由此可得

$$Z_i = \frac{2.5 \times \mathrm{j}5}{2.5 + \mathrm{j}5} = 2 + \mathrm{j}1(\Omega)$$

要使 R 上获得最大功率，使 $Z_i + \dfrac{1}{\mathrm{j}\omega C} = 0$ 即可，代入数据

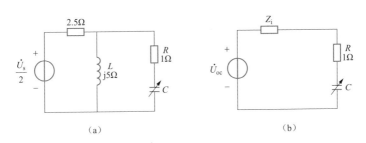

图 3-50　戴维南等效电路

$$2 + j1 + \frac{1}{j2C} = 0$$

得

$$C = 0.5F$$

3.6.4　正弦稳态电路的分析在带电作业中的应用

在电力系统中，为了确保带电作业人员的安全，常采用正弦稳态电路的分析方法对带电作业环境进行分析。

带电作业是指在高压电气设备上进行不停电作业的方法。带电作业是避免检修停电、保证正常供电的有效措施，能够有效减少停电时间，提升供电可靠性和保障用户用电体验。带电作业方法可分为地电位作业法、等电位作业法和中间电位作业法，下面分别对其稳态等值电路进行分析。

1. 地电位作业法

地电位作业法是指人体处于地（零）电位状态，使用绝缘工具间接接触带电设备的作业方法。常见的地电位作业项目有带电测绝缘子零值、带电挑异物等。地电位作业现场如图 3-51（a）所示，人体与带电体可以看成两个电极，两个电极之间以空气作为电介质的间隙，称为空气间隙，可用电容模型等效。设人体与带电体之间的空气间隙的电容为 C，绝缘工具的电阻为 R，人体电阻为 R_r，画出等值电路图，如图 3-51（b）所示，端电压 $\dot{U}$ 为作业点对地的电压。

由于人体电阻远小于绝缘工具的绝缘电阻，即 $R_r \ll R$，人体电阻也远小于人体与导线之间的容抗，即 $R_r \ll X_C$。因此，流过绝缘工具的泄漏电流和电容电流的矢量和即为流过人体总电流 $\dot{i}$，一般为微安级，远小于人体的感知电流值（1mA），满足作业安全要求。

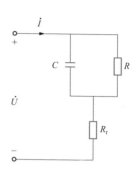

（a）地电位作业现场　　　　　　　　　　（b）等效电路图

图 3-51　地电位作业

2. 等电位作业法

等电位作业法是指当作业人员进入带电设备的静电场操作时，人体与带电体处于等电位状态的作业方法。其一般应用于 110kV 及以上电压等级输电线路带电作业。工作人员穿屏蔽服进入电场后，与带电设备直接接触，如图 3-52（a）所示。经过短暂的过渡过程后，人体与带电体等电位，其等效电路如图 3-52（b）所示。人体与接地体之间空气间隙的电容为 C，绝缘工具的电阻为 R，人体电阻为 R_r，端电压 $\dot{U}$ 为作业点对地的电压。

等电位作业工作原理基本上与地电位相同，只要人体与接地体之间的空气间隙足够，绝缘工具良好，即电容 C 和电阻 R 足够大，其流经人体电流也就极小，远小于人体的感知电流值，满足作业安全要求。

3. 中间电位作业法

当地电位和等电位作业均不能满足作业要求时，可采用中间电位作业法。中间电位作业法是指人体处于接地体和带电体之间的电位状态，使用绝缘工具间接接触带电设备的作业方法。中间电位作业法要求人体既要与带电体保持一定隔离，也要与大地（接地体）保持一定距离，此时人体处于地电位与带电体之间的一个悬浮电位。

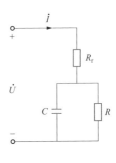

（a）等电位作业现场　　　　　（b）等效电路图

图 3-52　等电位作业

如图 3-53（a）所示，在使用绝缘斗臂车作业时，作业人员站在绝缘平台上，使用绝缘操作工具进行作业。绝缘平台的电阻为 R_2，人体与大地（接地体）之间空气间隙的电容为 C_2，人体电阻为 R_r，人体与带电体之间的空气间隙的电容为 C_1，绝缘操作工具的电阻为 R_1，端电压 $\dot{U}$ 为作业点对地的电压，其等效电路如图 3-53（b）所示。

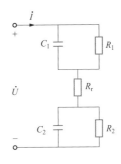

（a）中间电位作业现场　　　　　（b）等效电路图

图 3-53　中间电位作业

人体电阻远小于绝缘操作工具和绝缘平台的电阻，可以忽略不计，即 $R_r \approx 0$。由等效电路可以计算出人体的电位为 $\dot{U}_r = \dot{U} \dfrac{j\omega C_2 \mathbin{/\!/} R_2}{j\omega C_1 \mathbin{/\!/} R_1 + j\omega C_2 \mathbin{/\!/} R_2}$，该电位高于地电位，体表场强相对较高，应采取相应的电场防护措施，以防止人体产生不适。

此外，只要绝缘平台和绝缘操作工具的绝缘水平满足要求，由绝缘平台和绝缘操作工具的绝缘电阻组成的绝缘体，即可将泄漏电流限制到微安级水平；同时，空气间隙达到规定的作业间隙，由两段空气间隙组成的电容回路将通过人体的电容电流限制到微安级水平，中间电位作业就可以安全进行。

3.7

正弦稳态电路的功率

3.7.1 功率

如图 3-54 所示，正弦稳态二端网络 N0 端口电压和电流取关联参考方向，设电压和电流的瞬时表达式分别为

$$i = \sqrt{2}I \sin \omega t$$

$$u = \sqrt{2}U \sin(\omega t + \varphi)$$

图 3-54　某正弦稳态二端网络

1. 瞬时功率

在正弦稳态电路中，二端网络吸收的瞬时功率等于端口电压瞬时值与端口电流瞬时值的乘积，即

$$p = ui = \sqrt{2}U\sin(\omega t + \varphi) \times \sqrt{2}I\sin\omega t$$
$$= UI\cos\varphi(1 - \cos 2\omega t) + UI\sin\varphi\sin 2\omega t \tag{3-45}$$

由于瞬时功率随时间变化，测量意义不大，通常将其分解为有功分量 p_a 和无功分量 p_r，即

$$\left.\begin{aligned} p_a &= UI\cos\varphi(1 - \cos 2\omega t) \\ p_r &= UI\sin\varphi\sin 2\omega t \end{aligned}\right\} \tag{3-46}$$

根据式（3-46）可以画出有功分量 p_a 和无功分量 p_r 的波形，分别如图 3-55（a）、（b）所示。从图中可以看出，p_a 的波形与横轴所包围的面积代表二端网络所消耗的有功电能；p_r 的波形与横轴所包围的面积代表二端网络所消耗的无功电能，无功分量 p_r 的幅值为 $UI\sin\varphi$，平均值为零。

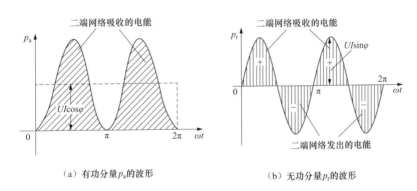

（a）有功分量 p_a 的波形　　　　　（b）无功分量 p_r 的波形

图 3-55　瞬时功率 p 的有功分量和无功分量波形

2. 有功功率

在正弦稳态电路中，二端网络消耗或产生电能的平均速率称为有功功率，又称为平均功率，简称功率。根据定义可求得二端网络的有功功率为

$$P = \frac{1}{T}\int_0^T p(t)\mathrm{d}t = UI\cos\varphi \tag{3-47}$$

由此可知，在端口电压和电流取关联参考方向的情况下，正弦稳态电路

中任一二端网络的有功功率等于其端口电压、电流的有效值与端口电压超前电流的相位角余弦的乘积。当 $\cos\varphi > 0$ 时，$P > 0$，表明二端网络吸收有功功率；当 $\cos\varphi < 0$ 时，$P < 0$，表明二端网络发出有功功率。

3. 无功功率

正弦稳态电路中，含有储能元件的二端网络与外电路之间往返交换能量的最大速率，称为无功功率。图 3-55（b）所示的瞬时功率 p 的无功分量 p_r 的波形，以角频率 2ω 随时间正弦变化。p_r 为正值，表明二端网络从外部吸收功率；p_r 为负值，表明二端网络向外部发出功率。

根据无功功率的定义可知，二端网络的无功功率等于其瞬时功率无功分量的最大值，即

$$Q = UI\sin\varphi \tag{3-48}$$

由此可知，在端口电压和端口电流取关联参考方向的情况下，正弦稳态电路中任一二端网络吸收的无功功率等于端口电压、电流的有效值与端口电压超前端口电流相位角正弦的乘积。

用式（3-48）分别计算电阻 R、电感 L、电容 C 的无功功率为

$$Q_R = UI\sin\varphi = UI\sin 0° = 0$$
$$Q_L = UI\sin\varphi = UI\sin 90° = UI$$
$$Q_C = UI\sin\varphi = UI\sin(-90°) = -UI$$

由此可知，在电压、电流为关联参考方向的情况下，电阻元件的无功功率为零；电感元件的无功恒大于零，电容元件的无功恒小于零。因此，当二端网络的 $Q > 0$ 时，对外电路而言，称为感性负载；当二端网络的 $Q < 0$ 时，称为容性负载。感性负载吸收感性无功，容性负载发出容性无功。

虽然无功功率不表现对外做功，只是在电能和磁能间往复转化，但并不是无用功率，凡是有电磁线圈的电气设备运行都需要建立磁场，而建立及维持磁场消耗的能量都来自无功功率。例如，电机运行时带动转子转动的旋转磁场，就是靠无功功率来建立和维持的；同样变压器也需要无功功率在一次绕组建立磁场，二次绕组才能感应出电压。因此，在电网对用户输电的过程

中，需要提供有功功率和无功功率，两者缺一不可。

4. 视在功率

端口电压有效值和电流有效值的乘积，称为视在功率，用字母 S 表示，单位为 VA（伏安），即

$$S = UI \tag{3-49}$$

由式（3-47）~式（3-49）可知，正弦稳态电路中任一二端网络的有功功率 P、无功功率 Q 和视在功率 S 三者的关系为

$$\left. \begin{array}{l} P = S\cos\varphi \\ Q = S\sin\varphi \\ S = \sqrt{P^2 + Q^2} \\ \tan\varphi = \dfrac{Q}{P} \end{array} \right\} \tag{3-50}$$

有功功率、无功功率和视在功率三者之间的关系可用一个直角三角形来表示，这个直角三角形称为功率三角形，如图 3-56 所示。

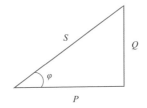

图 3-56　功率三角形

电力系统中的变压器提供的功率包含有功功率和无功功率，所以变压器的额定容量用视在功率表示。一台 500kV 单相三绕组电力变压器的铭牌局部如图 3-57 所示。图中，额定容量为 334000/334000/90000kVA，即表示该单相电力变压器的高、中、低压侧的视在功率额定容量分别为 334000/334000/90000kVA，其值等于铭牌所示相应额定电压与额定电流的乘积。

【例 3-22】某二端网络如图 3-58 所示，已知电阻 $R = 30\Omega$，感抗 $X_{\mathrm{L}} = 60\Omega$，容抗 $X_{\mathrm{C}} = 20\Omega$，接在电压 $U = 250$V 的正弦交流电源上，求该二端网络的有功功率 P、无功功率 Q 和视在功率 S。

图 3-57　500kV 单相三绕组电力变压器铭牌局部

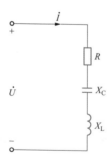

图 3-58　[例 3-22]图

解：串联电路阻抗的模

$$|Z| = \sqrt{R^2 + (X_L - X_C)^2} = \sqrt{30^2 + (60-20)^2} = 50(\Omega)$$

回路中的电流

$$I = \frac{U}{|Z|} = \frac{250}{50} = 5(\text{A})$$

有功功率 P、无功功率 Q 和视在功率 S 分别为

$$P = I^2 R = 25 \times 30 = 750(\text{W})$$

$$Q = I^2(X_L - X_C) = 25 \times (60 - 20) = 1000(\text{var})$$

$$S = UI = 250 \times 5 = 1250(\text{VA})$$

【例 3-23】如图 3-59 所示等效电路，电动机带负载运行时，已知电阻 $R = 29\Omega$，电抗 $X_L = 21.8\Omega$。若电动机外接电压为 220V 的交流电源，求电动机稳定运行后的回路电流 I 及电源提供的有功功率和无功功率。

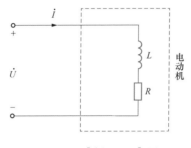

图 3-59　[例 3-23]图

解：电动机的阻抗的模为

$$|Z| = \sqrt{R^2 + X_L^2} = \sqrt{29^2 + 21.8^2} \approx 36.28(\Omega)$$

回路电流为

$$I = \frac{U}{|Z|} = \frac{220}{36.28} \approx 6.06(\text{A})$$

有功功率和无功功率分别为

$$P = I^2 R = 6.06^2 \times 29 \approx 1064.98(\text{W})$$

$$Q = I^2 X_L = 6.06^2 \times 21.8 \approx 800.57(\text{var})$$

3.7.2　功率因数

正弦稳态电路中二端网络的有功功率 P 与视在功率 S 的比值，称为功率因数，用 λ 表示。其表达式为

$$\lambda = \frac{P}{S} = \cos\varphi \qquad (3\text{-}51)$$

式中：φ 称为功率因数角。

对于无源二端网络而言，在关联参考方向下，功率因数角等于网络等效阻抗的阻抗角。

通常在功率因数值的后面用"滞后"和"超前"来说明电路性质。"超前"和"滞后"是根据电路中电流与电压的相位关系来判定的。"滞后"是指电路中的电流滞后于电压，"超前"是指电路中的电流超前于电压。对于感性电路，电流滞后于电压，称功率因数滞后；对于容性电路，电流超前于电压，称功率因数超前。例如，某电路 $\cos\varphi = 0.7$（滞后），表明该电路为感性电路。

【例 3-24】感性负载接到电压有效值 $U_L = 220\text{V}$ 的单相交流电源上，测得输入电流有效值 $I = 12.1\text{A}$，输入功率 $P = 1.8\text{kW}$，求负载的功率因数 $\cos\varphi$ 和无功功率 Q。

解：视在功率为

$$S = U_L I = 220 \times 12.1 \times 10^{-3} \approx 2.66(\text{kVA})$$

负载的功率因数为

$$\cos\varphi = \frac{P}{S} = \frac{1.8}{2.66} \approx 0.68$$

负载的无功功率为

$$Q = \sqrt{S^2 - P^2} = \sqrt{2.66^2 - 1.8^2} \approx 1.96(\text{kvar})$$

3.7.3　对功率因数的考核

在电力系统中，用于建立和维持电气设备内部磁场的无功功率，与有功功率一样需要公用电网出力，会占据公用电网的输电资源、增加输电过程中的损耗、增大线路压降。

电力公司通过对用电企业的功率因数的考核，实行相应的奖惩措施，以改善电压质量，减少损耗，减少电费支出，使供用电双方和社会都能取得最佳的经济效益。

1. 功率因数考核标准

对于不同用户，电力公司的功率因数考核标准不同。

（1）针对 160kVA 及以上的高压工业客户、3150kVA 及以上的电力排灌站、受电变压器为有载调压的客户，电力公司对功率因数的考核标准是 0.90。

（2）针对 160kVA 以下的高压工业客户、低压供电的大客户、非工业大客户及 3150kVA 以下的电力排灌站，电力公司对功率因数的考核标准是 0.85。

（3）针对农业客户，电力公司对功率因数的考核标准是 0.80。

2. 功率因数调整电费

功率因数调整电费是电力公司通过对实际用电功率因数高于或低于规定标准的用户减收或增收一定数额电费的方式，旨在激励用户积极进行无功补偿，提高功率因数，以优化电网供电质量，降低电能损耗。

根据用户的有功、无功电量计算无功和有功的比值，查表后得到功率因数，以基本电费和电度电费的和作为基数，乘以功率因数奖惩比例，计算出客户的功率因数调整电费。

不同功率因数考核标准下的用户，奖惩比例不同。

（1）功率因数的考核标准为 0.90 的用户：从 − 0.75% ~ +145%。

（2）功率因数的考核标准为 0.85 的用户：从 − 1.10% ~ +135%。

（3）功率因数的考核标准为 0.80 的用户：从 − 1.30% ~ +125%。

当用户功率因数高于或低于规定的考核标准时，应按照规定的电价计算出用户的当月电费后，再按照功率因数换算所规定的百分数增、减电费。

【例 3-25】某一大用户，经抄表计算，4 月基本电费为 33000 元，电度电费为 25520 元，该月功率因数奖 1%，求该月应收电费。

解：功率因数调整电费 = (33000+25520) × 1% = 585.20(元)

应收电费 = 基本电费 + 电度电费 − 功率因数调整电费

= 33000 + 25520 − 585.20 = 57934.80(元)

功率因数的提高

由于电力系统中存在着大量的低功率因数感性负载（如空载或轻载运行的变压器、电动机、日光灯等），造成了电力系统在较低的功率因数下运行。低功率因数运行会导致：①造成发电设备容量不能充分利用；②增加线路的电压降落和功率损耗。因此，低功率因数运行不仅会影响电能质量，而且不利于电网的经济运行。

由于提高功率因数是根据电感、电容这两种电抗元件无功功率可互相补偿，故又将提高功率因数称为无功补偿。无功补偿的实质是减少电路从电源吸收的无功，使电路和电源之间能量交换的一部分或全部转至电路之中进行。

在实际用电设备中，一小部分是纯电阻负载，大部分是感性负载，这些感性负载工作时的功率因数一般为 0.75 ~ 0.85，有时可能更低。本节以感性负载为例，对并联电容器提高功率因数的原理进行说明，其等效电路图和相量图如图 3-60（a）、（b）所示。

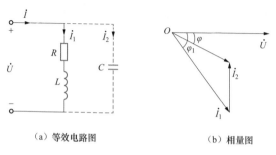

（a）等效电路图   （b）相量图

图 3-60　并联电容器提高功率因数

设图 3-60（a）中 RL 感性负载的功率因数 $\lambda_1 = \cos\varphi_1$，并联电容前，$\dot{I} = \dot{I}_1$；并

联电容后，功率因素为 $\lambda = \cos\varphi$，电流 $\dot{I} = \dot{I}_1 + \dot{I}_2$。图 3-60（b）中可以看出，并联电容后，使电路的总电流从 $\dot{I}_1$ 减小到 $\dot{I}$，阻抗角从 φ_1 减小到 φ，功率因数从 $\cos\varphi_1$ 提高到 $\cos\varphi$。

还可以从功率关系的角度来说明并联电容器对提高功率因数的作用。并联电容器前后电路的功率三角形如图 3-61 所示。因为电容器不吸收有功功率，只吸收容性无功功率 Q_C。所以，并联电容器后，电路吸收的无功功率 $Q_2 = Q_1 - Q_C$，电路的视在功率减小为 S_2，功率因数角由 φ_1 减小为 φ_2，功率因数由 $\cos\varphi_1$ 提高为 $\cos\varphi_2$。

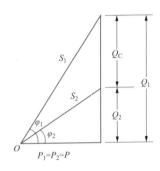

图 3-61　并联电容器的功率三角形

可见，并联电容器后，电容器的容性无功功率补偿了感性负载的感性无功功率，从而使电路的总无功功率减小，使功率因数得以提高。由图 3-61 可得

$$Q_1 = P\tan\varphi_1, \quad Q_2 = P\tan\varphi_2$$

若将电路的功率因数从 $\cos\varphi_1$ 提高为 $\cos\varphi_2$，所需并联电容器的补偿容量应为

$$Q_C = Q_1 - Q_2 = P(\tan\varphi_1 - \tan\varphi_2) \tag{3-52}$$

又因为 $Q_C = \dfrac{U^2}{X_C} = \omega C U^2$，故求得为提高电路的功率因数所需并联电容器的电容为

$$C = \frac{P}{\omega U^2}(\tan\varphi_1 - \tan\varphi_2) \tag{3-53}$$

【例3-26】在50Hz、220V正弦交流电路中，接有感性负载，当取用功率 $P = 10kW$ 时，功率因数 $\cos\varphi = 0.6$。若将功率因数提高至0.9，求并联电容器的电容值。

解：当功率因数 $\cos\varphi = 0.6$ 时，负载消耗的无功功率 Q 为

$$Q = \frac{P}{\cos\varphi}\sin\varphi = \frac{10}{0.6} \times \sqrt{1 - 0.6^2} \approx 13.33(\text{kvar})$$

当功率因数 $\cos\varphi' = 0.9$ 时，负载消耗的无功功率 Q' 为

$$Q' = \frac{P}{\cos\varphi'}\sin\varphi' = \frac{10}{0.9} \times \sqrt{1 - 0.9^2} \approx 4.84(\text{kvar})$$

电容器补偿的无功功率 Q_C 为

$$Q_C = Q - Q' = 13.33 - 4.84 = 8.49(\text{kvar})$$

故并联电容器的电容值为

$$C = \frac{Q_C}{\omega U^2} = \frac{8.49 \times 10^3}{2\pi \times 50 \times 220^2} \approx 558.64(\mu\text{F})$$

【例3-27】家用照明日光灯原理电路如图3-62所示，已知 $U = 220V$，$f = 50Hz$，日光灯的功率 $P = 20W$，开灯后，电路中通过的电流 $I = 0.3A$，求 L 及功率因数的值。如果要将该电路的功率因数提高到0.85，求所需并联电容器的电容值。

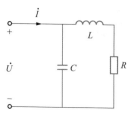

图3-62 ［例3-27］图

解：该日光灯的电阻为

$$R = \frac{P}{I^2} = \frac{20}{0.3^2} \approx 222.22(\Omega)$$

感抗为

$$X_L = \sqrt{Z^2 - R^2} = \sqrt{\left(\frac{220}{0.3}\right)^2 - 222.22^2} \approx 698.85(\Omega)$$

电感为

$$L = \frac{X_L}{2\pi f} = \frac{699}{2\pi \times 50} \approx 2.23(\text{H})$$

功率因数为

$$\cos\varphi = \frac{P}{S} = \frac{20}{220 \times 0.3} \approx 0.303$$

因 $\cos\varphi = 0.303$，$\cos\varphi' = 0.85$，即 $\varphi = 72.36°$，$\varphi' = 31.79°$，经角度转换，求得所需并联电容器的电容值为

$$C = \frac{P}{\omega U^2}(\tan\varphi - \tan\varphi') = \frac{20}{314 \times 220^2}(\tan 72.36° - \tan 31.79°) \approx 3.32(\mu\text{F})$$

【例 3-28】某用户有功功率 $P = 1.1\text{kW}$，供电电压 $U = 220\text{V}$，工作电流 $I = 10\text{A}$。（1）求该用户的功率因数。（2）若用户的进线并联一只电容 $C = 79.5\mu\text{F}$ 的电容器，求此时的用户功率因数的变化。

解：（1）用户功率因数为

$$\cos\varphi = \frac{P}{UI} = \frac{1.1 \times 10^3}{220 \times 10} = 0.5$$

（2）电动机上并联电容器后有功功率不变，容性负载的无功为

$$Q_C = \frac{U^2}{X_C} = \frac{U^2}{\dfrac{1}{2\pi f C}} = \frac{220^2}{1/(2 \times 3.14 \times 50 \times 79.5 \times 10^{-6})} \approx 1208.21(\text{var})$$

感性负载的无功为

$$Q_L = \sqrt{S^2 - P^2} = \sqrt{(220 \times 10)^2 - (1.1 \times 10^3)^2} \approx 1905.26(\text{var})$$

输入功率变为

$$S_i = \sqrt{P^2 + (Q_L - Q_C)^2} = \sqrt{(1.1 \times 10^3)^2 + (1905.26 - 1208.21)^2} \approx 1302.26(\text{VA})$$

并联电容器后的功率因数为

$$\cos\varphi' = \frac{P}{S_i} = \frac{1.1 \times 10^3}{1302.26} \approx 0.84$$

故功率因数的变化为

$$\Delta = \cos\varphi' - \cos\varphi = 0.84 - 0.5 = 0.34$$

谐 振 电 路

正弦交流电路中任一含有电感、电容元件的无源二端网络，在一定条件下，出现端口电压与端口电流同相的现象，称为谐振。产生了谐振的电路称为谐振电路。其中串联谐振电路和并联谐振电路是两种典型的简单谐振电路。

3.9.1 串联谐振电路

如图 3-63（a）所示，在 RLC 串联电路两端加角频率为 ω 的正弦电压 $\dot{U}$，则阻抗为

$$Z = R + \mathrm{j}X = R + \mathrm{j}\left(\omega L - \frac{1}{\omega C}\right)$$

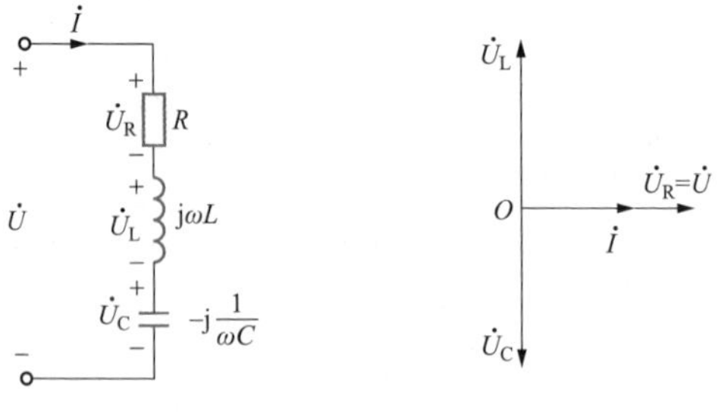

（a）串联谐振电路 　　　（b）相量图

图 3-63　串联谐振电路及其相量图

根据谐振的定义可知，当阻抗 Z 的虚部 $X = 0$ 时，RLC 串联电路发生谐振，有

$$\omega L = \frac{1}{\omega C} \tag{3-54}$$

此时，RLC 串联电路的感抗等于容抗，端口电压与电流同相，电路处于谐振状态，称为串联谐振。谐振时，$\dot{U}_L + \dot{U}_C = 0$，故串联谐振又称为电压谐振。谐振时的角频率称为谐振角频率，记为 ω_0，其对应的谐振频率，记为 f_0。由式（3-54）可得

$$\left.\begin{array}{l} \omega_0 = \dfrac{1}{\sqrt{LC}} \\[3mm] f_0 = \dfrac{\omega_0}{2\pi} = \dfrac{1}{2\pi\sqrt{LC}} \end{array}\right\} \tag{3-55}$$

【例 3-29】在 RLC 串联电路中，$L = 500\mu H$，可变电容 C 的变化范围为 $10 \sim 290 pF$，$R = 10\Omega$，若外加正弦电压的频率 $f = 1000 kHz$，求电路发生谐振时的电容值。

解：发生串联谐振时有

$$f_0 = \frac{1}{2\pi\sqrt{LC}}$$

故电路发生谐振时的电容为

$$C = \frac{1}{(2\pi f_0)^2 L} = \frac{1}{(2\times3.14\times1000\times10^3)^2\times500\times10^{-6}} \approx 50.7\times10^{-12} = 50.7(pF)$$

RLC 串联电路发生谐振时，具有以下特征：

（1）电路阻抗模 $|Z|$ 最小，其值等于 R。

（2）电路中的电流达到最大值，其值为 $\dfrac{U}{R}$。因为电路谐振时，阻抗模为最小值，所以当电路端电压不变时，电路电流达到最大值。

（3）电感元件吸收的感性无功功率等于电容元件吸收的容性无功功率，两者相互补偿，$Q_L = Q_C$，即谐振电路与外电路之间不进行能量的往返交换。

（4）电感元件和电容元件的电压大小相等，相位相反，相互抵消，即 L、C 串联部分对外相当于短路，电源电压 $\dot{U}$ 等于电阻电压 $\dot{U}_R$，即

$$\dot{U} = \dot{U}_R + \dot{U}_L + \dot{U}_C = \dot{U}_R = R\dot{I}$$

其相量图如图 3-64（b）所示。

RLC 串联电路谐振时，电感元件和电容元件的电压有效值为

$$U_L = X_L I = \frac{X_L}{R} U = U_C = X_C I = \frac{X_C}{R} U = QU \tag{3-56}$$

式（3-56）中，Q 为感抗（或容抗）与电阻的比值，称为谐振电路的品质因数。其表达公式为

$$Q = \frac{X_L}{R} = \frac{X_C}{R} = \frac{\omega_0 L}{R} = \frac{1}{\omega_0 CR} = \frac{1}{R}\sqrt{\frac{L}{C}} \tag{3-57}$$

由此可知，RLC 串联电路谐振时，电感元件和电容元件上的电压有效值等于电源电压有效值的 Q 倍。

当感抗（或容抗）远大于电阻时，$Q \gg 1$，电感元件和电容元件上将出现远大于电源电压的高电压，这称为串联谐振电路的过电压现象。在电力系统中，这种由于电力系统发生谐振而引起的，远大于工作电压的高电压称为谐振过电压。这种过电压将导致设备的损坏、烧毁甚至发生停电事故，因此要避免这种情况出现。但在无线电技术中，则利用了这一特性，将微弱信号输入到串联谐振回路以获得较高的电压，例如收音机即是采用串联谐振来选择收听的广播电台。

谐振电路的过电压现象，在高压试验技术中也有应用。由于高电压等级的被试设备在进行交流耐压试验时，所需试验电压很高，现场的试验变压器往往无法满足要求。此时，通常会采用谐振耐压试验方法，通过改变试验系统的电感量、电容量和试验频率，使回路处于谐振状态，从而在被试设备上获得较高电压。此外，在谐振时，电源供给的容量仅为回路中消耗的有功功率，为试品容量的 $\frac{1}{Q}$（Q 为品质因数）倍，也大大降低了试验电源的容量。

【例 3-30】用一套工频调感串联谐振耐压试验装置对一条长约 300m 的 110kV 电缆进行 50Hz 工频交流耐压试验。已知电缆电容量 $C_0 = 0.13\mu F/km$，串联谐振耐压试验装置共配有两台的 200kV 可调电抗器，每台可调电抗器的最小电感 $L_1 = 600H$，试计算这套试验装置是否符合该型电缆的工频交流耐压

试验的要求。

解：产生串联谐振的条件为$\omega L = \dfrac{1}{\omega C}$，在频率一定的情况下，$L$取最小值时，$C$为最大值。故两台可调电抗器宜并联进行试验，并联后的最小电感量为

$$L = \frac{L_1}{2} = \frac{600}{2} = 300(\text{H})$$

产生串联谐振时的最大电容量为

$$C = \frac{1}{\omega^2 L} = \frac{1}{(2\pi f)^2 L} = \frac{1}{(2 \times 3.14 \times 50)^2 \times 300} \approx 3.38 \times 10^{-8}(\text{F})$$

被试电缆的最大长度为

$$l = \frac{C}{C_0} = \frac{3.38 \times 10^{-8}}{0.13 \times 10^{-9}} = 260(\text{m})$$

可见，这套试验装置仅能为最长 260m 的该型电缆进行工频交流耐压试验，由于该电缆长 300m，因此这套实验装置不符合该型电缆的工频交流耐压试验的要求。

3.9.2 并联谐振电路

1. 并联谐振电路原理和特征

理想并联谐振电路，也称 GCL 并联谐振电路，是与 RLC 串联谐振电路对偶的另一种谐振电路，如图 3-64（a）所示。回路的等效导纳为

$$Y = G + jB = G + j\left(\omega C - \frac{1}{\omega L}\right)$$

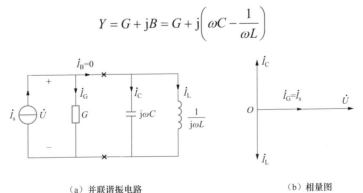

（a）并联谐振电路　　　　　　　　　（b）相量图

图 3-64　并联谐振电路及其相量图

根据谐振的定义可知，导纳 Y 的虚部 $B = 0$ 时，GCL 并联谐振电路发生谐振，有

$$\omega L = \frac{1}{\omega C} \tag{3-58}$$

此时，GCL 并联谐振电路的感抗等于容抗，端口电压与电流同相，电路处于谐振状态，称为并联谐振。谐振时 $\dot{I}_L + \dot{I}_C = 0$，故并联谐振又称为电流谐振。谐振角频率和谐振频率分别为

$$\left. \begin{array}{l} \omega_0 = \dfrac{1}{\sqrt{LC}} \\[3mm] f_0 = \dfrac{\omega_0}{2\pi} = \dfrac{1}{2\pi\sqrt{LC}} \end{array} \right\} \tag{3-59}$$

由此可知，GCL 并联谐振电路的谐振条件与谐振频率的计算式，均和 RLC 串联电路一致。

GCL 并联谐振电路谐振时，具有以下特征：

（1）电路导纳模 $|Y|$ 最小，其值等于 G。

（2）电路中的电流达到最小值，即为流过电导的电流。

（3）电感元件吸收的感性无功功率等于电容元件吸收的容性无功功率，两者相互补偿，$Q_L = Q_C$，即谐振电路与外电路之间不进行能量的往返交换。

（4）电感元件和电容元件的电流大小相等，相位相反，相互抵消，即 L、C 并联部分对外相当于开路，电路总电流 $\dot{I}_s$ 等于电导电流 $\dot{I}_G$，相量图如图 3-64（b）所示。

$$\dot{I}_s = \dot{I}_G + \dot{I}_C + \dot{I}_L = \dot{I}_G = G\dot{U}$$

GCL 并联谐振电路谐振时，电感元件和电容元件的感纳和容纳为

$$B_{L0} = \frac{1}{\omega_0 L} = \omega_0 C = B_{C0} = \sqrt{\frac{C}{L}} \tag{3-60}$$

电感元件和电容元件的电流有效值为

$$I_{L0} = I_{C0} = \frac{B_{L0}}{G} I_s = \frac{B_{C0}}{G} I_s = Q I_s \tag{3-61}$$

$$Q = \frac{B_{C0}}{G} = \frac{\omega_0 C}{G} = \frac{B_{L0}}{G} = \frac{1}{\omega_0 L G} = \frac{1}{G}\sqrt{\frac{C}{L}} \quad (3\text{-}62)$$

式中：Q 为品质因数。

由此可知，GCL 并联电路谐振时，电感元件和电容元件中的电流有效值等于电源电流有效值的 Q 倍。

当感纳（或容纳）远大于电导时，$Q \gg 1$，电感元件和电容元件上将出现远大于电源电流的大电流，这称为并联谐振电路的过电流现象。在高电压试验技术中，对于大容量被试设备的交流耐压试验，也会在满足被试设备试验电流要求的基础上，采用并联谐振电路，以降低试验电源的容量。

【例 3-31】RLC 并联电路如图 3-65 所示，已知 $R = 50\Omega$，$L = 16\text{mH}$，$C = 40\mu\text{F}$，$U = 220\text{V}$，求谐振频率和谐振时电路的总电流。

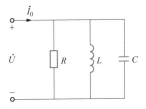

图 3-65　[例 3-31]图

解：谐振频率为

$$f_0 = \frac{1}{2\pi\sqrt{LC}} = \frac{1}{2 \times 3.14 \times \sqrt{16 \times 10^{-3} \times 40 \times 10^{-6}}} \approx 199.0(\text{Hz})$$

谐振时电路的电流为

$$I_0 = \frac{U}{R} = \frac{220}{50} = 4.4(\text{A})$$

2. 实际并联谐振电路

实际的电感、电容元件都是有损耗的，特别是电感元件的损耗在一些情况下是不能忽略的，工程上常用的并联谐振电路是电感线圈与电容器并联电路，其电路模型如图 3-66（a）所示。

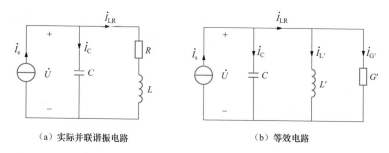

（a）实际并联谐振电路　　　　　　　（b）等效电路

图 3-66　实际并联谐振电路及其等效电路

电路的等效导纳为

$$Y = \frac{1}{R + j\omega L} + j\omega C = \frac{R}{R^2 + (\omega L)^2} + j\left[\omega C - \frac{\omega L}{R^2 + (\omega L)^2}\right] \quad （3\text{-}63）$$

电路发生谐振的条件为等效导纳的虚部等于零，即

$$\omega C - \frac{\omega L}{R^2 + (\omega L)^2} = 0 \quad （3\text{-}64）$$

求得电路谐振角频率为

$$\omega_0 = \sqrt{\frac{1}{LC} - \frac{R^2}{L^2}} = \frac{1}{\sqrt{LC}}\sqrt{1 - \frac{CR^2}{L}} \quad （3\text{-}65）$$

谐振频率为

$$f_0 = \frac{1}{2\pi\sqrt{LC}}\sqrt{1 - \frac{CR^2}{L}} \quad （3\text{-}66）$$

由式（3-65）和式（3-66）可知，只有在满足 $R < \sqrt{\dfrac{L}{C}}$ 的条件下，才能通过改变电路参数使电路发生谐振。当 $R > \sqrt{\dfrac{L}{C}}$ 时，在任何频率下，电路都不可能发生谐振。

实际并联谐振电路可以等效成 GCL 并联电路，如图 3-66（b）所示。电路的等效导纳为

$$Y = G' + \frac{1}{j\omega L'} + j\omega C \quad （3\text{-}67）$$

由式（3-63）和式（3-67）可得

$$\frac{1}{R + j\omega L} = G' + \frac{1}{j\omega L'}$$

因此，求得等效电路中的电导和电感为

$$\left.\begin{aligned} G' &= \frac{R}{R^2 + (\omega L)^2} \\ L' &= \frac{R^2 + (\omega L)^2}{\omega^2 L} \end{aligned}\right\}$$

【例 3-32】某并联谐振电路如图 3-67 所示，已知电源电压 $U = 220\text{kV}$，$C = 160\text{pF}$，$L = 1\text{mH}$，$R = 2\Omega$，求电路的谐振频率和谐振时电路的总电流及流过电容的电流。

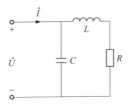

图 3-67 ［例 3-32］图

解：谐振频率

$$f_0 = \frac{1}{2\pi\sqrt{LC}}\sqrt{1 - \frac{CR^2}{L}}$$

$$= \frac{1}{2 \times 3.14 \times \sqrt{1 \times 10^{-3} \times 160 \times 10^{-12}}} \times \sqrt{1 - \frac{160 \times 10^{-12} \times 2^2}{1 \times 10^{-3}}} \approx 398.09(\text{kHz})$$

电路谐振时的导纳

$$Y = \frac{R}{R^2 + (\omega_0 L)^2} = \frac{R}{R^2 + (2\pi f_0)^2}$$

谐振时电路的总电流

$$I = |Y|U = \frac{RU}{R^2 + (2\pi f_0 L)^2} = \frac{2 \times 220 \times 10^3}{2^2 + (2 \times 3.14 \times 398.09 \times 10^3 \times 1 \times 10^{-3})^2} \approx 0.07(\text{A})$$

谐振时流过电容的电流

$$I_C = \omega_0 CU = 2\pi f_0 CU = 2 \times 3.14 \times 398.09 \times 10^3 \times 160 \times 10^{-12} \times 220 \times 10^3 \approx 88.00(\text{A})$$

小结

　　电力系统中的大多数电路是正弦稳态电路，掌握正弦稳态电路的基本分析方法有着十分重要的意义。

　　本章阐述了正弦交流电的基本概念，正弦量的旋转矢量与相量表示法，正弦稳态电路中电阻、电感、电容元件的伏安关系和功率，阻抗和导纳的概念及等效变换，正弦稳态电路的分析方法，功率、功率因数的概念及计算，提高功率因数的物理机理及装置，串联谐振、并联谐振的概念、条件及应用。介绍了基尔霍夫定律在反窃电检查中的应用。在电感的串联和并联内容中，介绍了电力系统中常见的可等效为电感模型的设备。在电容的串联和并联内容中，通过例题的计算分析介绍了电容分压器的原理。在阻抗中，介绍了接地阻抗的测量方法。在正弦稳态电路的分析中，对带电作业的等值电路进行了具体分析。在正弦稳态电路的功率中，明确了无功功率不对外做功，只在电能和磁能间往复转化的意义。介绍了功率因数超前与滞后的概念以及电力公司对功率因数的考核标准和调整收费情况。在提高功率因数内容中，从降低回路电流和功率三角形两个角度阐明了并联电容器的作用。通过例题的计算分析介绍了串联谐振在交流耐压试验中的应用。

习题与思考题

3-1 已知正弦电流 $i = 10\sin\left(300\pi t - \dfrac{\pi}{3}\right)\mathrm{A}$，求该电流的幅值、有效值、角频率、频率、周期、初相位以及 $t = 0.01\mathrm{s}$ 时的电流瞬时值。

3-2 已知 100Ω 电阻两端的电压 $u = 100\sin\left(314t + \dfrac{\pi}{4}\right)\mathrm{V}$，求通过电阻的电流 i 及电阻消耗的功率。

3-3 电阻 $R = 12\Omega$，电感 $L = 160\mathrm{mH}$ 的线圈，电容 $C = 127\mu\mathrm{F}$，三者串联接到 220V、50Hz 电源上，求电路中的电流 I。

3-4 某电容元件接于正弦稳态电路中，已知电容元件端电压的有效值为 220V，电压的频率为 100Hz，电容元件的无功功率为 9680var，求电容元件的电流、容抗及电容。

3-5 某电阻、电感串联电路，电阻 $R = 6\Omega$，感抗 $X = 8\Omega$，求该电路的等效导纳。

3-6 RLC 串联电路中，已知 $R = 10\Omega$，$L = 15\mathrm{mH}$，$C = 200\mu\mathrm{F}$，电路端电压 $u = 220\sqrt{2}\sin(1000t - 30°)\mathrm{V}$，求电路中电流 i 和各元件的电压相量。

3-7　电阻与电感串联的正弦稳态电路如图 3-68 所示，已知电压表读数为 100V，电流表读数为 4A，功率表读数为 240W，电源的频率为 50Hz。求电感 L、电阻 R 的值，以及电路吸收的有功功率、无功功率、视在功率和功率因数。

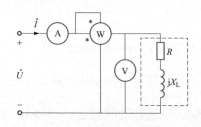

图 3-68　题 3-7 图

3-8　已知电源 $U = 220V$，$f = 50Hz$，$S = 10kV$，带有 $P_N = 6kW$，$U_N = 220V$，$\cos\varphi_N = 0.5$ 的感性负载。问该电源供出的电流是否能保证负载工作在额定电流？如并联电容将 $\cos\varphi$ 提高到 0.9，电源的容量是否足够？

3-9　已知某串联谐振试验电路的电路参数为，电容 $C = 0.56\mu F$，电感 $L = 18H$，电阻 $R = 58\Omega$，求该电路的谐振频率及品质因数。

第4章 CHAPTER FOUR

三 相 电 路

04

本章主要介绍三相电路的基本概念、基本计算方法，主要涉及三相对称电源、三相电源的星形和三角形连接，三相负载的星形和三角形连接，三相电路的分类，对称三相电路的计算，不对称三相电路的特点，三相电路的功率计算及测量。

国网上海市电力公司电力专业实用基础知识系列教材

电路基础

三相电路的基本概念

三相电路中的电源称为三相电源。将有效值相等、频率相同且相位上相差 120° 的交流电动势组成三相电源称为对称三相电源。三相电源的电动势由三相发电机产生，图 4-1 为三相发电机的结构示意图。

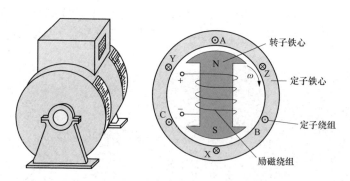

图 4-1 三相发电机的结构示意图

三相发电机由定子、转子、端盖及轴承等机构组成。定子是发电机的静止部分，铁心的内槽中放置有三组匝数、尺寸相同，但空间上间隔 120° 的绕组圈，这三个绕组 AX、BY 和 CZ 按顺时针方向构成 A、B、C 相绕组。转子是发电机的转动部分，转子铁心上绕有励磁绕组，当通以直流电时产生恒定磁场；当转子以均匀角速度 ω 旋转时，转子磁场切割三相定子绕组，分别在 AX、BY、CZ 绕组的两端感应出幅值相等、频率相同、相位彼此相差 120° 的三个正弦电压。将电压的正极性端记为 A、B、C，称为始端；负极性端记为 X、Y、Z，称为末端，如图 4-2 所示。

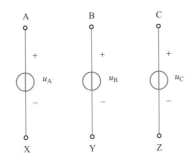

图 4-2　三相电源表示方式

对称三相电源的电压波形图和相量图如图 4-3 所示。

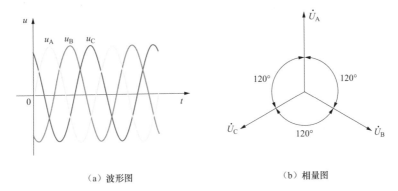

（a）波形图　　　　　　　　　　　（b）相量图

图 4-3　对称三相电源波形图及相量图

以 u_A 为参考正弦量，对称三相电源的电压瞬时值表达式为

$$\left.\begin{array}{l} u_A = \sqrt{2}U \sin \omega t \\ u_B = \sqrt{2}U \sin(\omega t - 120°) \\ u_C = \sqrt{2}U \sin(\omega t - 240°) = \sqrt{2}U \sin(\omega t + 120°) \end{array}\right\} \qquad (4\text{-}1)$$

相量形式为

$$\left.\begin{array}{l} \dot{U}_A = U\angle 0° \\ \dot{U}_B = U\angle -120° \\ \dot{U}_C = U\angle 120° \end{array}\right\} \qquad (4\text{-}2)$$

对称三相电压瞬时值或相量的代数和恒为零，即

$$\left.\begin{array}{l} u_A + u_B + u_C = 0 \\ \dot{U}_A + \dot{U}_B + \dot{U}_C = 0 \end{array}\right\} \qquad (4\text{-}3)$$

三相供电系统为各国广泛采用，具有以下优点：

（1）在发电方面，同尺寸的三相发电机比单相发电机的功率大，在三相负载对称的情况下，发电机转矩恒定，有利于发电机的稳定工作。

（2）在传输方面，三相系统比单相系统节省传输线。三个单相电路组合向外输送电能时，需要 6 根输电线，但采用三相系统，则最多需要 4 根输电线。

（3）在配电方面，三相变压器比单相变压器经济且便于接入负载。

（4）在用电方面，三相电动机比单相电动机运行平稳、可靠、维护方便。当电源电压波动或负载转矩变化时，三相电动机仍可保持其转速恒定不变。

将三相电源的各相电压到达同一数值（如正的最大值或负的最大值）的先后次序称为相序。在图 4-3（a）中，A 相电压 u_A 最先达到最大值，其次是 B 相电压 u_B，最后是 C 相电压 u_C，A-B-C 次序称为正相序。正相序情况下，A 相超前 B 相 120°，B 相超前 C 相 120°，C 相超前 A 相 120°。与正相序的情况相反，A-C-B 次序称为负相序或逆相序，如图 4-4 所示。无特殊说明，三相电源的相序均为正相序。

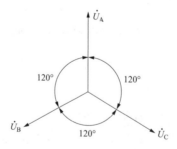

图 4-4 负相序相量图

在电力系统中，通常用不同颜色来区分各相相序，即用黄、绿、红分别表示 A、B、C 三相，如图 4-5 所示。

4.1.2 三相电源的连接

对称三相电源有星形（Y 形）连接和三角形（△形）连接两种基本连接

方式。

图 4-5　配电柜内的母线排及开关

1. 三相电源的星形连接

星形连接是将三相电源的三个末端 X、Y、Z 连接在一起，形成一个公共点，用 N 表示，称为电源的中性点。从三相电源的三个始端 A、B、C 引出三条输出线，称为端线，俗称火线，如图 4-6 所示。将三相电源的每相始端和末端之间的电压称作该相的相电压，将任意两相始端间的电压称为线电压。

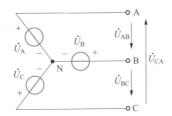

图 4-6　三相电源的 Y 形连接

三相电源的相电压分别记为 $\dot{U}_A$、$\dot{U}_B$、$\dot{U}_C$，线电压分别记为 $\dot{U}_{AB}$、$\dot{U}_{BC}$、$\dot{U}_{CA}$，如图 4-6 所示。设对称三相电源的相序是正序，相电压的相量形式为

$$\dot{U}_A = U\angle 0°, \quad \dot{U}_B = U\angle -120°, \quad \dot{U}_C = U\angle 120°$$

对称 Y 形电源的线电压与相电压之间的关系式为

$$\left.\begin{array}{l} \dot{U}_{AB} = \dot{U}_A - \dot{U}_B = U\angle 0° - U\angle -120° = \sqrt{3}U\angle 30° = \sqrt{3}\dot{U}_A\angle 30° \\ \dot{U}_{BC} = \dot{U}_B - \dot{U}_C = U\angle -120° - U\angle 120° = \sqrt{3}U\angle -90° = \sqrt{3}\dot{U}_B\angle 30° \\ \dot{U}_{CA} = \dot{U}_C - \dot{U}_A = U\angle 120° - U\angle 0° = \sqrt{3}U\angle 150° = \sqrt{3}\dot{U}_C\angle 30° \end{array}\right\} \quad (4\text{-}4)$$

由式（4-4）可知，对称 Y 形电源的线电压 $\dot{U}_{AB}$、$\dot{U}_{BC}$、$\dot{U}_{CA}$ 的大小为相电压 $\dot{U}_A$、$\dot{U}_B$、$\dot{U}_C$ 的 $\sqrt{3}$ 倍，$\dot{U}_{AB}$ 超前 $\dot{U}_A$ 30°、$\dot{U}_{BC}$ 超前 $\dot{U}_B$ 30°、$\dot{U}_{CA}$ 超前 $\dot{U}_C$ 30°，相量图如图 4-7 所示。

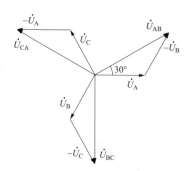

图 4-7　对称 Y 形电源的线电压与相电压的关系

在三相电路中，通常线电压、线电流用 U_l、I_l 表示，其中下标 l 为 line 的缩写；相电压、相电流用 U_{ph}、I_{ph} 表示，其中下标 ph 为 phase 的缩写。如果不特别说明，三相电源的电压一般指线电压。Y 形连接时，若相电压对称，则线电压也对称，其有效值的大小关系为

$$U_l = \sqrt{3}U_{ph} \quad (4\text{-}5)$$

人体因触及高电压的带电体而承受过大的电流，以致引起死亡或局部受伤的现象称为触电。常见的触电方式有单相触电和两相触电。在低压三相供电系统中，电源的相电压为 220V，线电压为 380V。如果人体接触低压电源的一根相线，造成单相触电，这时人体承受的电压为 220V；如果人体同时接触低压电源的两根相线，造成两相触电，这时人体承受 380V 的线电压，更加危险。

【例4-1】已知Y形连接的对称三相电源C相电压为$\dot{U}_C = 110\angle 0°\text{V}$，请写出其余各相电压及线电压的相量表达式。

解：根据对称关系及线电压和相电压间的关系，可以写出A、B的相电压为

$$\dot{U}_A = \dot{U}_C\angle -120° = 110\angle -120°(\text{V})$$

$$\dot{U}_B = \dot{U}_C\angle 120° = 110\angle 120°(\text{V})$$

线电压分别为

$$\dot{U}_{AB} = \sqrt{3}\,\dot{U}_A\angle 30° = \sqrt{3}\times 110\angle(-120°+30°) \approx 190.52\angle -90°(\text{V})$$

$$\dot{U}_{BC} = \sqrt{3}\dot{U}_B\angle 30° = \sqrt{3}\times 110\angle(120°+30°) \approx 190.52\angle 150°(\text{V})$$

$$\dot{U}_{CA} = \sqrt{3}\dot{U}_C\angle 30° = \sqrt{3}\times 110\angle(0°+30°) \approx 190.52\angle 30°(\text{V})$$

2. 三相电源的三角形连接

三相电源的始端和末端依次相接，即Z接A，X接B，Y接C，再从各连接点引出端线来，构成三相电源的△形连接，如图4-8所示。

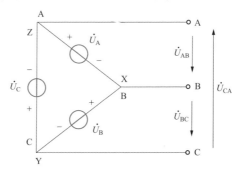

图4-8　三相电源的△形连接

△形连接电源的线电压等于相电压，即

$$\left.\begin{array}{l}\dot{U}_{AB} = \dot{U}_A\\ \dot{U}_{BC} = \dot{U}_B\\ \dot{U}_{CA} = \dot{U}_C\end{array}\right\} \tag{4-6}$$

它们有效值的大小关系为

$$U_l = U_{ph} \tag{4-7}$$

对称△形电源三个始端、末端正确连接，$\dot{U}_A + \dot{U}_B + \dot{U}_C = 0$，其相量图如

图 4-9（a）所示，故在没有负载的情况下，电源内部没有环行电流。如果有一相或两相接反，将可能形成很大的环行电流。现以 A 相反接为例进行说明。A 相反接则回路电压为 $\dot{U}_{\text{cir}} = -\dot{U}_{\text{A}} + \dot{U}_{\text{B}} + \dot{U}_{\text{C}} = -2\dot{U}_{\text{A}}$，△形电源环路内有大小为 2 倍相电压的回路电压，电源内部回路中将产生极大的环行电流，如图 4-9（b）所示。此类情况如果发生在实际的电机和变压器中将造成设备的损坏。

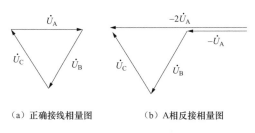

（a）正确接线相量图　　　　（b）A相反接相量图

图 4-9　对称△形电源接线分析

4.1.3　三相负载的连接

三相负载也有星形（Y 形）和三角形（△形）两种连接方式。

1. 负载的星形连接

将各相负载的一个端子相互连在一起，形成一个公共点 N′，称为负载的中性点。将另外三个端子 A′、B′、C′ 引出并连向电源，就得到三相负载的 Y 形连接方式，如图 4-10 所示。将各相负载上的电压、电流称为负载的相电压和相电流。端子 A′、B′、C′ 向外引出端线，流过端线的电流称为线电流。负载端线间的电压称为负载的线电压。

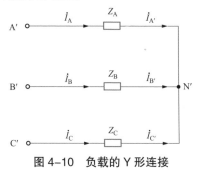

图 4-10　负载的 Y 形连接

Y 形负载中，其相电流与线电流关系为

$$\left.\begin{array}{l} \dot{I}_{A'} = \dot{I}_A \\ \dot{I}_{B'} = \dot{I}_B \\ \dot{I}_{C'} = \dot{I}_C \end{array}\right\} \qquad (4\text{-}8)$$

由此可知，Y 形负载的相电流等于线电流，其有效值的大小关系为

$$I_{ph} = I_l \qquad (4\text{-}9)$$

对称 Y 形负载中，有 $Z_A = Z_B = Z_C$，将其接入对称三相电源，若电源相序为正相序，则负载的线电压 $\dot{U}_{A'B'}$、$\dot{U}_{B'C'}$、$\dot{U}_{C'A'}$ 的相序为正相序，即 $\dot{U}_{B'C'}$ 滞后于 $\dot{U}_{A'B'}$ 120°，$\dot{U}_{C'A'}$ 滞后于 $\dot{U}_{B'C'}$ 120°。根据图 4-10 可得出，对称 Y 形负载相电压与线电压的关系为

$$\left.\begin{array}{l} \dot{U}_{A'B'} = \dot{U}_{A'N'} - \dot{U}_{B'N'} = \dot{U}_{A'N'} \angle 0° - \dot{U}_{A'N'} \angle -120° = \sqrt{3}\dot{U}_{A'N'} \angle 30° \\ \dot{U}_{B'C'} = \dot{U}_{B'N'} - \dot{U}_{C'N'} = \dot{U}_{B'N'} \angle 0° - \dot{U}_{B'N'} \angle -120° = \sqrt{3}\dot{U}_{B'N'} \angle 30° \\ \dot{U}_{C'A'} = \dot{U}_{C'N'} - \dot{U}_{A'N'} = \dot{U}_{C'N'} \angle 0° - \dot{U}_{C'N'} \angle -120° = \sqrt{3}\dot{U}_{C'N'} \angle 30° \end{array}\right\} \qquad (4\text{-}10)$$

由此可知，对称 Y 形负载线电压对称，对称 Y 形负载线电压的大小为相电压的 $\sqrt{3}$ 倍，线电压的相位超前相应的相电压 30°，其有效值的关系为

$$U_l = \sqrt{3}U_{ph} \qquad (4\text{-}11)$$

可见，对称 Y 形负载相电压与线电压之间的关系，同对称 Y 形电源一样。

2. 负载的三角形连接

△形连接负载没有中性点，将三相负载分别跨接在端线之间，就得到三相负载的△形连接方式，如图 4-11 所示。

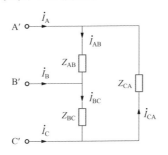

图 4-11　负载的△形连接

△形负载中，其相电压和线电压的关系为

$$\left.\begin{array}{l} \dot{U}_{\text{A'B'}} = \dot{U}_{\text{ZA'B'}} \\ \dot{U}_{\text{B'C'}} = \dot{U}_{\text{ZB'C'}} \\ \dot{U}_{\text{C'A'}} = \dot{U}_{\text{ZC'A'}} \end{array}\right\} \tag{4-12}$$

由此可知，△形负载的线电压等于相电压，其有效值的大小关系为

$$U_l = U_{\text{ph}} \tag{4-13}$$

可见，△形负载的线电压与相电压的关系，同△形连接电源相同。

对称△形负载中，有 $Z_{\text{AB}} = Z_{\text{BC}} = Z_{\text{CA}}$，将其接入对称三相电源，电源相序为正相序，则负载的相电流 $\dot{I}_{\text{AB}}$、$\dot{I}_{\text{BC}}$、$\dot{I}_{\text{CA}}$ 的相序为正相序，即 $\dot{I}_{\text{BC}}$ 滞后于 $\dot{I}_{\text{AB}}120°$，$\dot{I}_{\text{CA}}$ 滞后于 $\dot{I}_{\text{BC}}120°$。根据图 4-11 可得对称△形负载相、线电流的关系为

$$\left.\begin{array}{l} \dot{I}_{\text{A}} = \dot{I}_{\text{AB}} - \dot{I}_{\text{CA}} = \dot{I}_{\text{AB}} - \dot{I}_{\text{AB}}\angle 120° = \sqrt{3}\dot{I}_{\text{AB}}\angle -30° \\ \dot{I}_{\text{B}} = \dot{I}_{\text{BC}} - \dot{I}_{\text{AB}} = \dot{I}_{\text{BC}} - \dot{I}_{\text{BC}}\angle 120° = \sqrt{3}\dot{I}_{\text{BC}}\angle -30° \\ \dot{I}_{\text{C}} = \dot{I}_{\text{CA}} - \dot{I}_{\text{BC}} = \dot{I}_{\text{CA}} - \dot{I}_{\text{CA}}\angle 120° = \sqrt{3}\dot{I}_{\text{CA}}\angle -30° \end{array}\right\} \tag{4-14}$$

由此可知，对称△形负载线电流对称，线电流的大小为相电流的 $\sqrt{3}$ 倍，线电流的相位滞后相应的相电流 $30°$，其有效值的大小关系为

$$I_l = \sqrt{3}I_{\text{ph}} \tag{4-15}$$

现以三相异步电动机的启动过程为例，来分析线电压和相电压、线电流和相电流的大小关系的变化。

电动机在启动时，由于其电流近似与定子电压成正比，为了缓解因启动产生的较大冲击电流对电网的影响，一般采用降压启动。现以 Y-△降压启动方式阐述负载为 Y 形和△形连接两种情况下相、线电压和相、线电流的关系。

（1）降压启动。由电路控制三相交流电动机定子绕组先连接成 Y 形方式，如图 4-12（a）所示，进入降压启动状态，线电压和相电压的大小关系，线电流和相电流的大小关系见式（4-16）。在相同的线电压作用下，Y 形连接时相电压为△形连接时的 $1/\sqrt{3}$，由于转矩和电压的平方成正比，可以得出 Y 形连

接时启动转矩为△形连接时的 1/3。

$$\left.\begin{array}{l} U_l = \sqrt{3}U_{ph} \\ I_l = I_{ph} \end{array}\right\}$$ （4-16）

（2）正常启动。待转速达到一定值后，再由电路控制将三相交流电动机的定子绕组变换成△形接线［见图 4-12（b）］，进入正常运行状态，线电压和相电压的大小关系、线电流和相电流的大小关系见式（4-17）。此后，三相交流电动机进入全压正常运行状态。

$$\left.\begin{array}{l} U_l = U_{ph} \\ I_l = \sqrt{3}I_{ph} \end{array}\right\}$$ （4-17）

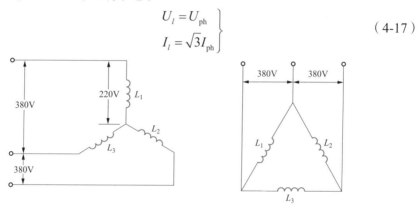

（a）电动机Y形连接方式（降压启动方式）   （b）电动机△形连接方式（正常方式）

图 4-12　三相异步电动机启动的接线方式

【例 4-2】有一台三相异步电动机绕组接成△形后接于线电压 U_l=380V 的电源上，电源供给的有功功率 P_1=9.2kW，功率因数 $\cos\varphi$=0.83，若将此电动机绕组改连成 Y 形，求此时电动机的线电流及有功功率（三相电动机的有功功率 $P=3U_{ph}I_{ph}\cos\varphi$）。

解：当电动机绕组接成△形时，相电压为

$$U_{ph}=U_l=380\text{V}$$

相电流为

$$I_{ph} = \frac{P_1}{3U_{ph}\cos\varphi} = \frac{9.2\times10^3}{3\times380\times0.83} \approx 9.72(\text{A})$$

线电流为

$$I_l = \sqrt{3}I_{\mathrm{ph}} = \sqrt{3} \times 9.72 \approx 16.84 \mathrm{(A)}$$

每相的阻抗为

$$Z_{\mathrm{ph}} = \frac{U_{\mathrm{ph}}}{I_{\mathrm{ph}}} = \frac{380}{9.72} \approx 39.09 (\Omega)$$

当电动机绕组 Y 形连接时，相电压为

$$U_{\mathrm{ph}} = \frac{U_l}{\sqrt{3}} = \frac{380}{\sqrt{3}} = 220 \mathrm{(V)}$$

线电流等于相电流为

$$I_l = I_{\mathrm{ph}} = \frac{U_{\mathrm{ph}}}{Z_{\mathrm{ph}}} = \frac{220}{39.09} \approx 5.63 \mathrm{(A)}$$

此时，电动机的功率为

$$P = 3U_{\mathrm{ph}}I_{\mathrm{ph}}\cos\varphi = 3 \times 220 \times 5.63 \times 0.83 \times 10^{-3} \approx 3.08（\mathrm{kW}）$$

4.1.4　三相电路的分类

三相电源和三相负载均可以接成 Y 形或△形，电源和负载之间通过端线相连，可以连接成 Y-Y、Y-△、△-Y 和△-△四种形式，如图 4-13 所示。

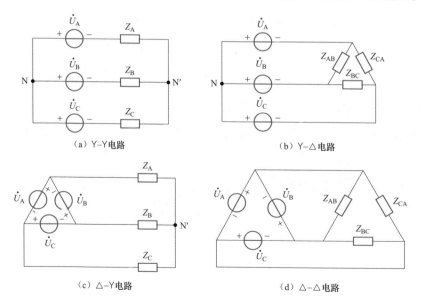

（a）Y-Y电路　　（b）Y-△电路　　（c）△-Y电路　　（d）△-△电路

图 4-13　三相电路的分类

将 Y 形电源和 Y 形负载用导线连接起来，便得到 Y 形连接的三相制电路，又称为 Y 形三相电路或 Y-Y 电路。Y 形电路又分为三相四线制和三相三线制两种情况。

1. 星形电路的三相四线制

将 Y 形电源的三个始端 A、B、C 与 Y 形负载的三个端点 A′、B′、C′ 分别用导线相连，电源的中性点 N 和负载的中性点 N′ 也用导线连接起来，便构成了三相四线制，如图 4-14 所示。"四线"是指三根相线和一根中性线。中性线等效阻抗为 Z_N，中性线上流过的电流为 $\dot{I}_N$。

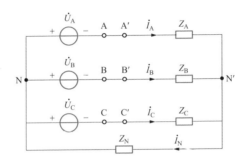

图 4-14 三相四线制电路

由于三相四线制供电可以同时获得线电压和相电压，在低压电网中既可以接三相动力负荷，也可以接单相照明负荷，因此获得了广泛的应用。一般情况下，电力公司对于受电设备总容量在 350kW 及以下实行单一制电价的客户，最大需量在 150kW 及以下实行两部制电价的客户，采用低压三相四线制供电。

2. 星形电路的三相三线制

Y 形电路的两中性点 N 和 N′ 之间不连导线，即将三相四线制电路中的中性线去掉，便构成了三相三线制的 Y 形电路，如图 4-15 所示。

在高压输电线路中，认为负载为三相对称，若设有中性线，则无电流流过，因此高压输电线路一般采用三相三线制，不设中性线。同时，减少一条中性线线路，有利降低投资成本，提升经济效益。

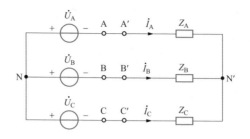

图 4-15　三相三线制 Y 形电路

4.2

对称三相电路的计算

　　三相电源和三相负载以及各相线路阻抗均相同的三相电路称为对称三相电路。三相电路是一种特殊的正弦交流电路，因此正弦交流电路的分析方法对三相电路完全适用。通过分析对称三相电路的特点，可以找出简便的计算方法。

4.2.1　对称 Y-Y 电路

　　对称 Y-Y 电路是指三相对称电源和三相对称负载均采用 Y 形连接。前已指出，对称 Y-Y 电路有两种形式，即三相四线制电路和三相三线制电路。一般运用"先归结为一相，再推算另两相"的方法进行求解。

　　三相四线的对称 Y-Y 电路如图 4-16 所示。电源的相电压为 $\dot{U}_A$、$\dot{U}_B$、$\dot{U}_C$，线电压为 $\dot{U}_{AB}$、$\dot{U}_{BC}$、$\dot{U}_{CA}$，中性线电压为 $\dot{U}_{N'N}$。Z_l 为线路阻抗，负载阻抗对称，即 $Z_A=Z_B=Z_C=Z$，Z_N 为中性线等效阻抗。负载的相电压为 $\dot{U}_{A'N'}$、$\dot{U}_{B'N'}$、$\dot{U}_{C'N'}$，负载的线电压为 $\dot{U}_{A'B'}$、$\dot{U}_{B'C'}$、$\dot{U}_{C'A'}$。端线中的电流，即线电流为 $\dot{I}_A$、$\dot{I}_B$、$\dot{I}_C$，中

性线电流为 $\dot{I}_{\mathrm{N}}$，因电源与负载均为 Y 形连接，电源或负载的线电流也是流过每相电源和负载的相电流。

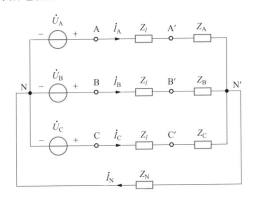

图 4-16　三相四线对称 Y-Y 电路

以 N 为参考节点，用节点法列出节点 N′ 的方程为

$$\left(\frac{1}{Z_{\mathrm{N}}}+\frac{3}{Z+Z_{l}}\right)\dot{U}_{\mathrm{N'N}}=\frac{\dot{U}_{\mathrm{A}}}{Z+Z_{l}}+\frac{\dot{U}_{\mathrm{B}}}{Z+Z_{l}}+\frac{\dot{U}_{\mathrm{C}}}{Z+Z_{l}}$$

对称三相电源，$\dot{U}_{\mathrm{A}}+\dot{U}_{\mathrm{B}}+\dot{U}_{\mathrm{C}}=0$，所以 $\dot{U}_{\mathrm{N'N}}=0$。各相电源、负载中的相电流（即线电流）分别为

$$\left.\begin{array}{l}\dot{I}_{\mathrm{A}}=\dfrac{\dot{U}_{\mathrm{AN'}}-\dot{U}_{\mathrm{N'N}}}{Z+Z_{l}}=\dfrac{\dot{U}_{\mathrm{A}}}{Z+Z_{l}}\\[3mm]\dot{I}_{\mathrm{B}}=\dfrac{\dot{U}_{\mathrm{BN'}}-\dot{U}_{\mathrm{N'N}}}{Z+Z_{l}}=\dfrac{\dot{U}_{\mathrm{B}}}{Z+Z_{l}}=\dot{I}_{\mathrm{A}}\angle-120°\\[3mm]\dot{I}_{\mathrm{C}}=\dfrac{\dot{U}_{\mathrm{CN'}}-\dot{U}_{\mathrm{N'N}}}{Z+Z_{l}}=\dfrac{\dot{U}_{\mathrm{C}}}{Z+Z_{l}}=\dot{I}_{\mathrm{A}}\angle120°\end{array}\right\}$$

由此可知，对称 Y-Y 电路负载的相电流（即线电流）对称。

中性线电流为

$$\dot{I}_{\mathrm{N}}=\dot{I}_{\mathrm{A}}+\dot{I}_{\mathrm{B}}+\dot{I}_{\mathrm{C}}=0 \text{ 或 } \dot{I}_{\mathrm{N}}=\frac{\dot{U}_{\mathrm{N'N}}}{Z_{\mathrm{N}}}=0$$

由此可知，电路的两个中性点 N 和 N′ 为等电位点，中性线电流为零，中性线的存在与否对电路的状态不产生任何影响。因此，在三相对称的情况下，三相四线电路和三相三线电路是等同的。

负载的相电压为

$$\left.\begin{aligned} \dot{U}_{AN'} &= Z\dot{I}_A \\ \dot{U}_{BN'} &= Z\dot{I}_B = \dot{U}_{AN'}\angle -120° \\ \dot{U}_{CN'} &= Z\dot{I}_C = \dot{U}_{AN'}\angle 120° \end{aligned}\right\} \quad (4\text{-}18)$$

负载的线电压为

$$\left.\begin{aligned} \dot{U}_{A'B'} &= \dot{U}_{AN'} - \dot{U}_{BN'} = \dot{U}_{AN'} - \dot{U}_{AN'}\angle -120° = \sqrt{3}\dot{U}_{AN'}\angle 30° \\ \dot{U}_{B'C'} &= \dot{U}_{BN'} - \dot{U}_{CN'} = \dot{U}_{BN'} - \dot{U}_{BN'}\angle -120° = \sqrt{3}\dot{U}_{BN'}\angle 30° \\ \dot{U}_{C'A'} &= \dot{U}_{CN'} - \dot{U}_{AN'} = \dot{U}_{CN'} - \dot{U}_{CN'}\angle -120° = \sqrt{3}\dot{U}_{CN'}\angle 30° \end{aligned}\right\}$$

由此可知，对称 Y-Y 三相电路负载的相电压和线电压对称。

因此，对称三相电路的分析计算可以用"先归结为一相，再推算另两相"的方法，具体说明如下：

（1）先分析计算三相中的任一相，注意中性线的阻抗不放入电路中分析。例如，图 4-17 为一相计算电路，连接 N、N' 点的短路线（N 和 N' 为等电位点）与中性线等效阻抗 Z_N 无关。

（2）然后按对称关系推导出其余两相的电压和电流。

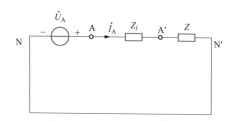

图 4-17　一相计算电路

依此类推，对称 Y-Y 三相三线系统，$\dot{U}_{N'N} = 0$，中性线可以不用，可以只用三根传输线，即三相三线制。

【例 4-3】对称三相电路如图 4-18 所示，已知电源相电压 $u_A = 220\sqrt{2}\sin\omega t$ V，负载阻抗 $Z = (5+j5)$ Ω，求负载的相电流。

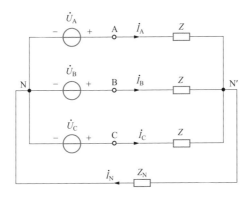

图 4-18 ［例 4-3］图

解：由于 $\dot{U}_{N'N} = 0$，相当于中性线短路，可以按一相（A 相）电路计算出三相负载电流。

$$\dot{I}_A = \frac{\dot{U}_A}{Z} = \frac{220\angle 0°}{5 + j5} \approx 31.12\angle -45°(A)$$

$$\dot{I}_B = \dot{I}_A\angle -120° \approx 31.12\angle -165°(A)$$

$$\dot{I}_C = \dot{I}_A\angle 120° \approx 31.12\angle 75°(A)$$

4.2.2　对称 Y-△电路

对称 Y-△电路是指三相对称电源采用 Y 形连接而三相对称负载采用△形连接。通常将△形负载等效成 Y 形连接，这样电路构成对称 Y-Y 电路，然后运用"先归结为一相，再推算另两相"的方法进行求解。

【例 4-4】对称三相电路如图 4-19 所示，对称三相电源线电压为 380V，对称三相负载阻抗 $Z=（20+j20）\,\Omega$。求相电流 $\dot{I}_A$、$\dot{I}_B$、$\dot{I}_C$。

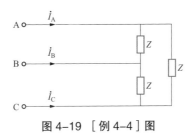

图 4-19 ［例 4-4］图

解：电路为对称三相电路，设 $\dot{U}_A = 220\angle 0°\text{V}$，则归结为一相计算的电路如图 4-20 所示。

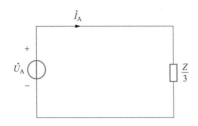

图 4-20　［例 4-4］等效一相计算电路图

由一相计算电路及已知条件计算得出 A 相电流

$$\dot{I}_A = \frac{\dot{U}_A}{Z/3} = \frac{220\angle 0°}{(20+\text{j}20)/3} \approx 23.34\angle -45°(\text{A})$$

由对称性，可得

$$\dot{I}_B = \dot{I}_A\angle -120° = 23.34\angle -165°(\text{A})$$
$$\dot{I}_C = \dot{I}_A\angle 120° = 23.34\angle 75°(\text{A})$$

4.2.3　对称△-△电路

对称△-△电路是指三相对称电源和三相对称负载均采用△形连接。分析对称△-△电路时，可将△形电源和△形负载均等效成 Y 形连接，整个电路构成对称 Y-Y 电路，然后运用"先归结为一相，再推算另两相"的方法进行求解。

【例 4-5】对称△-△电路如图 4-21（a）所示，已知电源电压为 380V，线路阻抗 $Z_l =$（2+j2）Ω，负载阻抗 $Z =$（3+j3）Ω，试计算三相负载的相电流 $\dot{I}_a$、$\dot{I}_b$、$\dot{I}_c$。如果线路阻抗 Z_l 为零，试计算三相负载电流 $\dot{I}_a'$、$\dot{I}_b'$、$\dot{I}_c'$。

解：（1）将三角形接线的电源和负载均等效成 Y 形接线，如图 4-21（b）所示，其中 $\dot{U}_A' = \dfrac{\dot{U}_A}{\sqrt{3}}\angle -30°$，$Z' = \dfrac{Z}{3}$，再归结为一相来计算，电路如图 4-21（c）所示。

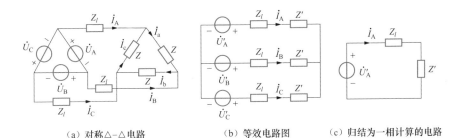

（a）对称△-△电路　　　（b）等效电路图　　　（c）归结为一相计算的电路

图 4-21　[例 4-5] 图

设 A 相电压为 $\dot{U}_A = 380\angle 0°\text{V}$，则 A 相线电流为

$$\dot{I}_A = \frac{\dot{U}'_A}{Z_l + Z'} = \frac{\dfrac{\dot{U}_A}{\sqrt{3}}\angle -30°}{Z_l + \dfrac{Z}{3}} = \frac{220\angle -30°}{(2+\text{j}2)+(1+\text{j})} \approx 51.86\angle -75°(\text{A})$$

根据△形连接时的相线电流对应关系可知，A 相负载电流为

$$\dot{I}_a = \frac{1}{\sqrt{3}}\dot{I}_A\angle 30° \approx 29.94\angle -45°(\text{A})$$

B 相负载电流为

$$\dot{I}_b = \dot{I}_a\angle -120° = 29.94\angle -165°(\text{A})$$

C 相负载电流为

$$\dot{I}_c = \dot{I}_a\angle 120° = 29.94\angle 75°(\text{A})$$

（2）当图 4-21（a）中性线的阻抗 $Z_l=0$ 时，电路图如图 4-22 所示。此对称
△-△电路不需要等效成对称 Y-Y 电路，△形负载相电压等于△形电源相电压。

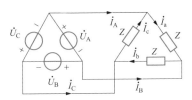

图 4-22　线路阻抗为零的对称△-△电路

A 相负载的相电流为

$$\dot{I}_a = \frac{\dot{U}_A}{Z} = \frac{380\angle 0°}{3+\text{j}3} \approx 89.58\angle -45°(\text{A})$$

B 相负载相电流为

$$\dot{I}_b = \dot{I}_a \angle -120° = 89.58 \angle -165°(A)$$

C 相负载相电流为

$$\dot{I}_c = \dot{I}_a \angle 120° = 89.58 \angle 75°(A)$$

4.2.4　对称△-Y 电路

对称△-Y 电路是指三相对称电源采用△形连接，三相对称负载采用 Y 形连接的电路。分析对称△-Y 电路时，不论其线路阻抗是否为零，都将△形电源等效成 Y 形电源，整个电路构成对称 Y-Y 电路后，再运用"先归结为一相，再推算另两相"的方法进行求解。现通过具体例子来说明该计算方法。

【例 4-6】在图 4-23 所示电路中，已知电源电压为 400V，Z=（5+j5）Ω，求各相负载的电流。

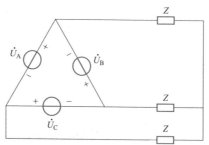

图 4-23　[例 4-6]图

解：将△形电源等效成 Y 形电源，变换为 Y-Y 电路，如图 4-24（a）所示，再归结为一相来计算如图 4-24（b）所示。

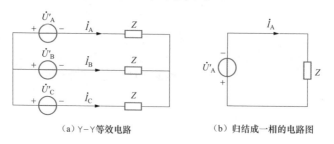

（a）Y-Y 等效电路　　　　　（b）归结成一相的电路图

图 4-24　[例 4-6]等效电路图

设 A 相电压为 $\dot{U}_A = 400\angle 0°\text{V}$，△形电源等效成 Y 形连接后，A 相线电流为

$$\dot{I}_A = \frac{\dot{U}'_A}{Z} = \frac{\dfrac{\dot{U}_A}{\sqrt{3}}\angle -30°}{Z} = \frac{400\angle 0°}{\sqrt{3}(5+\text{j}5)}\angle -30° \approx 32.67\angle -75°(\text{A})$$

B、C 相负载电流分别为

$$\dot{I}_B = \dot{I}_A\angle -120° = 32.67\angle 165°(\text{A})$$

$$\dot{I}_C = \dot{I}_A\angle 120° = 32.67\angle 45°(\text{A})$$

4.2.5　复杂对称三相电路

通过以上分析可知，对称 Y-Y 电路可以用"先归结为一相，再推算另两相"的方法来计算，而△形连接电源和负载均可化成 Y 形连接电源和负载，所以对称三相电路都可以用"先归结为一相，再推算另两相"的计算方法。其步骤为：

（1）将△形电源和负载等效成 Y 形连接，构成 Y-Y 电路。

（2）用一根无阻抗的导线连接各负载和电源中性点，中性线上若有阻抗可不计。

（3）画出一相（一般取 A 相）计算电路，求出一相的电压、电流。

（4）根据 Y 形、△形连接的线值和相值之间的关系，求出原电路中该相的电压、电流。

（5）根据对称性，直接写出其他两相的电压、电流。

【例 4-7】图 4-25 所示电路中，已知 $\dot{U}_{AN} = 10\angle 0°\text{V}$，$R_1 = 2.5\Omega$，$Z_2 = (5+\text{j}10)\,\Omega$，$Z_3 = (15+\text{j}30)\,\Omega$。试求 $\dot{I}_1$、$\dot{I}_2$、$\dot{I}_3$。

解：将△形负载等效成 Y 形负载，由于三相电路的负载对称，可归结为一相计算，画出电路图如图 4-26 所示。

△形负载等效后电阻为

$$Z'_3 = \frac{Z_3}{3} = \frac{15+\text{j}30}{3} = 5+\text{j}10(\Omega)$$

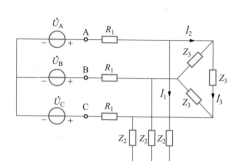

图 4-25　［例 4-7］图

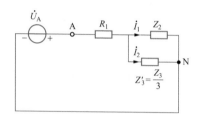

图 4-26　［例 4-7］归结为一相的电路图

总阻抗为

$$Z = R_1 + \frac{Z_2 Z_3'}{Z_2 + Z_3'} = 5 + j5(\Omega)$$

流经 Z_2 的电流为

$$\dot{I}_1 = \frac{\dot{U}_A}{Z} \times \frac{Z_3'}{Z_2 + Z_3'} = \frac{10\angle 0°}{5 + j5} \times \frac{5 + j10}{5 + j10 + 5 + j10} = \frac{1}{\sqrt{2}} \angle -45° \approx 0.71\angle -45°(\text{A})$$

由于 Z_2 和 Z_3' 相等，流经 Z_3' 的电流为

$$\dot{I}_2 = \dot{I}_1 \approx 0.71\angle -45°(\text{A})$$

由△形负载相线电流的关系可知

$$\dot{I}_3 = \frac{1}{\sqrt{3}} \dot{I}_2 \angle -30° = \frac{1}{\sqrt{3}} \times \frac{1}{\sqrt{2}} \angle(-45° - 30°) \approx 0.41\angle -75°(\text{A})$$

4.3

不对称三相电路的计算

在配电网中有许多小功率的单相负载，且用电情况也不同，三相负载很难达到完全对称。在三相电路中，三相电源、线路阻抗和三相负载只要有一部分不对称，即为不对称三相电路。这种电路不能再用对称三相电路中的用"先归结为一相，再推算另两相"的计算方法，只能按照一般复杂正弦电路来计算并选择适当的分析方法（如节点法、回路法等）。本节只讨论负载不对称的三相电路。

某 Y-Y 电路，三相电源对称，三相负载不对称，不考虑线路阻抗，电路图如图 4-27（a）所示。根据节点电压法，列出中性点电压为

$$\dot{U}_{\mathrm{N'N}} = \frac{\dfrac{\dot{U}_{\mathrm{A}}}{Z_{\mathrm{A}}} + \dfrac{\dot{U}_{\mathrm{B}}}{Z_{\mathrm{B}}} + \dfrac{\dot{U}_{\mathrm{C}}}{Z_{\mathrm{C}}}}{\dfrac{1}{Z_{\mathrm{N}}} + \dfrac{1}{Z_{\mathrm{A}}} + \dfrac{1}{Z_{\mathrm{B}}} + \dfrac{1}{Z_{\mathrm{C}}}}$$

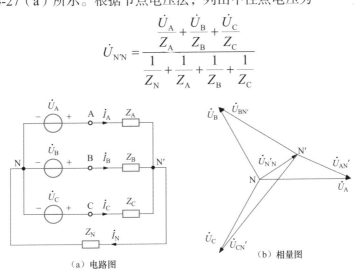

（a）电路图 　　　　　　（b）相量图

图 4-27　不对称三相电路

因为三相负载不对称，故 $\dot{U}_{\mathrm{N'N}} \neq 0$，即中性点 N 和 N′ 的电位不等。此时，负载电压为

$$\left.\begin{array}{l} \dot{U}_{AN'} = \dot{U}_A - \dot{U}_{NN'} \\ \dot{U}_{BN'} = \dot{U}_B - \dot{U}_{NN'} \\ \dot{U}_{CN'} = \dot{U}_C - \dot{U}_{NN'} \end{array}\right\}$$

这表明，负载相电压不对称，其相量图如图 4-27（b）所示。因 $\dot{U}_{N'N} \neq 0$，中性点 N 和 N′ 在相量图上不重合，这一现象称为中性点位移。在电源对称的情况下，负载相电压 $\dot{U}_{AN'}$、$\dot{U}_{BN'}$ 和 $\dot{U}_{CN'}$ 不对称的程度与中性点位移程度有关。当中性点位移较大时，会造成负载相电压的严重的不对称，有的相电压过低，导致负载无法正常工作，有的相电压过高，导致负载因过热而损坏。

【例4-8】如图 4-28 所示三相对称电路，电源电压为 380V，$R_a=10\Omega$，$R_b=30\Omega$，$R_c=60\Omega$，试计算三相三线和三相四线连接方式下三相负载的相电压和相电流值。

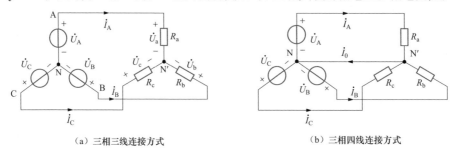

（a）三相三线连接方式　　　　　　　（b）三相四线连接方式

图 4-28　[例 4-8] 图

解：（1）如图 4-28（a）所示，当电源和负载采用三相三线连接方式时，以 A 相电源电压为参考相量，三相电源电压分别为

$$\dot{U}_A = \frac{380}{\sqrt{3}} \angle 0° = 220\angle 0°(V)$$

$$\dot{U}_B = 220\angle -120°(V)$$

$$\dot{U}_C = 220\angle 120°(V)$$

设 N 为参考点，采用节点电压法，则 N′ 的电压值为

$$\dot{U}_{N'} = \frac{\dfrac{\dot{U}_A}{R_a} + \dfrac{\dot{U}_B}{R_b} + \dfrac{\dot{U}_C}{R_c}}{\dfrac{1}{R_a} + \dfrac{1}{R_b} + \dfrac{1}{R_c}} = \frac{\dfrac{220\angle 0°}{10} + \dfrac{220\angle -120°}{30} + \dfrac{220\angle 120°}{60}}{\dfrac{1}{10} + \dfrac{1}{30} + \dfrac{1}{60}} \approx 112.02\angle -10.89°(V)$$

三相负载的相电压为

$$\dot{U}_a = \dot{U}_A - \dot{U}_{N'} = 220\angle0° - 112.02\angle-10.89° = 112.02\angle10.89°(V)$$

$$\dot{U}_b = \dot{U}_B - \dot{U}_{N'} = 220\angle-120° - 112.02\angle-10.89° = 277.64\angle-142.41°(V)$$

$$\dot{U}_c = \dot{U}_C - \dot{U}_{N'} = 220\angle120° - 112.02\angle-10.89° = 305.31\angle136.1°(V)$$

三相负载的相电流为

$$\dot{I}_A = \frac{\dot{U}_a}{R_a} = \frac{112.02\angle10.89°}{10} = 11.2\angle10.89°(A)$$

$$\dot{I}_B = \frac{\dot{U}_b}{R_b} = \frac{277.64\angle-142.41°}{30} \approx 9.25\angle-142.41°(A)$$

$$\dot{I}_C = \frac{\dot{U}_c}{R_c} = \frac{305.31\angle136.1°}{60} \approx 5.09\angle136.1°(A)$$

（2）如图 4-28（b）所示，当电源和负载采用三相四线连接方式时，因电源中性点和负载中性点直接用导线相连，N 和 N′ 电位相等，各相负载电压即为电源电压，三相负载电压对称，各相电流分别为

$$\dot{I}_A = \frac{\dot{U}_A}{R_a} = \frac{220\angle0°}{10} = 22\angle0°(A)$$

$$\dot{I}_B = \frac{\dot{U}_B}{R_b} = \frac{220\angle-120°}{30} \approx 7.33\angle-120°(A)$$

$$\dot{I}_C = \frac{\dot{U}_C}{R_c} = \frac{220\angle120°}{60} \approx 3.67\angle120°(A)$$

中性线的电流为

$$\dot{I}_N = \dot{I}_A + \dot{I}_B + \dot{I}_C = 22\angle0° + 7.33\angle-120° + 3.67\angle120° \approx 16.80\angle-10.87°(A)$$

由此可知，三相四线制电路中，即使负载不对称，各相负载的电压也是对称的，这就是低压供电系统采用三相四线制的原因。中性线的作用就是使不对称星形负载的相电压对称。

低压配电系统中，为了减少或消除中性点位移，需做到以下三点：

（1）尽量减少中性线阻抗。如果中性线阻抗为零，即 $Z_N=0$，则 $\dot{U}_{N'N}=0$，这样每相负载的相电压就是每相电源的相电压，即便负载阻抗不对称，也能保证负载正常工作。若发生一相断线，也只影响本相的负载，而其他两相的

电压保持不变。

（2）中性线上不允许装设熔断器和开关设备。由于一般情况下负载相电流是不对称的，则中性线电流一般不为零，即 $\dot{I}_N = \dot{I}_A + \dot{I}_B + \dot{I}_C \neq 0$。实际工作中，为避免中性线断开而造成负载各相电压严重不对称，要求中性线应采用强度较高的钢绞线，安装牢固，且不允许装设开关设备和熔断器，以防开关设备误操作或者中性线电流过大时熔断器熔断，使中性线失去作用。

（3）对于多种类型负载，在设计电气接线时，应综合考虑生活和生产实际来均衡分布各类负载，使之尽量对称。

居民用户的负载，如电灯、电视机、电冰箱、电风扇等家用电器及单相电动机，在工作时都是用两根导线将其接到电路中，属于单相负载。大工业用户一般采用 35kV 或 10kV 供电，工作负载大多为三相电动机，属于三相负载；但厂用照明、空调等负载采用单相供电，又属于单相负载。图 4-29 中，灯泡属于单相负载，只需要接在 A、B、C 三相中的某一相即可，而电动机为三相负载，A、B、C 三相电源都需要接入。

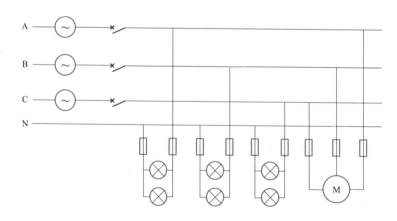

图 4-29　单相负载和三相负载

常见的三种类型插头如图 4-30 所示。图 4-30（a）为三相负载插头，有 4 个插孔，分别接入 A、B、C 三相和中性线；图 4-30（b）为单相负载两孔插头，接入单相电源和中性线，俗称火线和零线；图 4-30（c）为单相负载三孔插头，下方两个插孔接入相线和中性线，上方插孔与电器设备外壳接地。

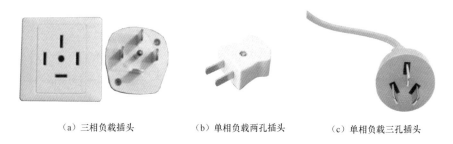

（a）三相负载插头　　　（b）单相负载两孔插头　　　（c）单相负载三孔插头

图 4-30　常见插头类型

中性线又称为零线的原因是三相平衡时中性线中没有电流通过，并且其直接或间接的接到大地，与大地的电压也接近零。相线与中性线共同构成了供电回路。地线是将设备或用电器的外壳可靠的连接大地的线路，是防止触电事故的良好方案。中性线和地线是两个不同的概念。地线的对地电位为零，而中性线的对地电位不一定为零。

在实际应用中，中性线具有阻值，再加之三相负载一般为不对称，当中性线上有电流流过时必然产生电能损耗。在正常用电的情况下，线路的损耗水平应处在合理范围内，如果损耗过大，则可能存在其他用电异常情况。因此，电力公司在对内管控中将线路损耗作为考核下属电力公司管理水平的指标之一。其中，台区线损是指在给定的时间段（日、月、季、年）内，一台或一组变压器的供电范围或区域，由于配电线路及配电设备存在阻抗，当电流流过时产生的有功损耗。图 4-31 为台区线损计算模型图。线损率的计算公式为

$$线损率 = \frac{总表正向电量 + 用户反向电量 - 总表反向电量 - 用户售电量}{总表正向电量 + 用户反向电量 - 总表反向电量} \times 100\%$$

（4-19）

线损率的合理范围为 –1%~10%。如果不属于这个范围均为线损率不合理台区。

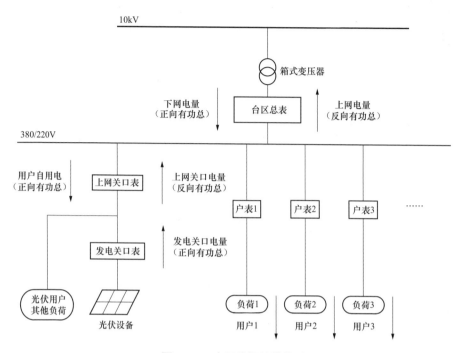

图 4-31　台区线损计算模型

【例 4-9】表 4-1 为某 10kV 配电变压器 2019 年 11 月 29 日至 12 月 5 日的用电情况，请计算这段时间该台区的线损电量和线损率。

表 4-1　　某 10kV 配变 2019 年 11 月 29 日至 12 月 5 日的用电情况

供售电标识	用户	倍率	11 月 29 日正向有功示值（kWh）	12 月 5 日正向有功示值（kWh）	11 月 29 日反向有功示值（kWh）	12 月 5 日反向有功示值（kWh）
供电	台区总表	200	2157.8	2165.65	92.22	92.37
售电	用户 1	1	7470.94	7762.57	0	0
售电	用户 2	1	8072.02	8199.42	0	0
售电	光伏用户 3	1	25607.03	25791.25	10540.5	10575.83
售电	用户 4	1	43400.87	43932.19	0	0
售电	光伏用户 5	1	15897.19	16027.05	9957.89	10061.39
售电	用户 6	1	1916.11	2032.28	0	0
售电	用户 7	1	25335.6	25435.34	0	0

供售电标识	用户	倍率	11月29日正向有功示值（kWh）	12月5日正向有功示值（kWh）	11月29日反向有功示值（kWh）	12月5日反向有功示值（kWh）
售电	光伏用户8	1	15298.51	15320.4	10305.17	10440.94
售电	光伏用户9	1	12368.83	12461.13	15930.47	16001.48
售电	光伏用户10	1	11382.1	11637.65	15738.28	15772.77

解：根据表 4-1 所列的电能表采集数据，计算出每一户 11 月 29 日至 12 月 5 日的用电量列于表 4-2 中。表中存在反向电量的用户为光伏用户，反向电量应在供电量中剔除。

表 4-2　　　　　　　　　计算每个电能表的正向及反向电量

供售电标识	用户	正向电量（kWh）	反向电量（kWh）
供电	台区总表	1570	30
售电	用户1	291.63	0
售电	用户2	127.4	0
售电	光伏用户3	184.22	35.33
售电	用户4	531.32	0
售电	光伏用户5	129.86	103.5
售电	用户6	116.17	0
售电	用户7	99.74	0
售电	光伏用户8	21.89	135.77
售电	光伏用户9	92.3	71.01
售电	光伏用户10	255.55	34.49

台区供电量 = 台区总表的正向电量 – 台区总表反向电量

　　　　　+ 用户反向电量之和 =1570–30+380.1=1920.1（kWh）

台区售电量 = 用户正向电量之和 =1850.08（kWh）

台区的线损电量 = 台区供电量 – 台区售电量

　　　　　=1920.1–1850.08=70.02（kWh）

$$线损率 = \frac{台区供电量 - 台区售电量}{台区供电量} \times 100\% = \frac{70.02}{1920.1} \times 100\% = 3.65\%$$

可见，台区线损率介于 –1% ~ 10% 之间，台区线损合理。

三相电路的功率

4.4.1 三相电路功率的计算

1. 有功功率

三相负载吸收的有功功率等于各相负载吸收的有功功率之和，即

$$P = P_A + P_B + P_C = U_A I_A \cos\varphi_A + U_B I_B \cos\varphi_B + U_C I_C \cos\varphi_C \tag{4-20}$$

在对称三相电路中，由于

$$\left.\begin{array}{l} U_A = U_B = U_C = U_{ph} \\ I_A = I_B = I_C = I_{ph} \\ \varphi_A = \varphi_B = \varphi_C = \varphi \end{array}\right\}$$

所以对称三相有功功率等于一相有功功率的 3 倍，即

$$P = 3U_{ph}I_{ph}\cos\varphi \tag{4-21}$$

对称三相电路中，当电源负载均为 Y-Y 接线时，$U_l = \sqrt{3}U_{ph}$，$I_l = I_{ph}$；均为 △ - △接线时，$U_l = U_{ph}$，$I_l = \sqrt{3}I_{ph}$。两种接法均有 $U_l I_l = \sqrt{3}U_{ph}I_{ph}$。对称三相有功功率为

$$P = 3U_{ph}I_{ph}\cos\varphi = \sqrt{3}U_l I_l \cos\varphi \tag{4-22}$$

式中：φ 为相电压、相电流的相位差，也是负载的阻抗角；$\cos\varphi$ 为每相负载

的功率因数，对称时也是对称三相负载的功率因数。

【例 4-10】某工厂自备电厂装有一台 TQC 型三相汽轮发电机，其输出的线电流 I_l 为 1380A，线电压 U_l 为 6300V，若负载的功率因数从 0.8 降至 0.6，试计算一下该机的输出有功功率有何变化？

解：$\cos\varphi=0.8$ 时，有功功率为

$$P_1 = \sqrt{3}U_l I_l \cos\varphi_1 = \sqrt{3} \times 6300 \times 1380 \times 0.8 \times 10^{-3} \approx 12046.76\,(\text{kW})$$

$\cos\varphi=0.6$ 时，有功功率为

$$P_2 = \sqrt{3}U_l I_l \cos\varphi_2 = \sqrt{3} \times 6300 \times 1380 \times 0.6 \times 10^{-3} \approx 9035.07\,(\text{kW})$$

输出有功功率变化为

$$\Delta P = P_1 - P_2 = 12046.76 - 9035.07 = 3011.69\,(\text{kW})$$

【例 4-11】某工厂 380V 三相供电，用电日平均有功负荷 100kW，高峰负荷电流为 200A，日平均功率因数为 0.9。试问该厂的日负荷率 K_d 为多少？（日负荷率 = 日平均有功负荷 / 日最高有功负荷 × 100%）

解：日最高有功负荷为

$$P_{\max} = \sqrt{3}U_l I_l \cos\varphi = \sqrt{3} \times 380 \times 200 \times 0.9 \times 10^{-3} \approx 118.47\,(\text{kW})$$

则日负荷率为

$$K_d = \frac{P}{P_{\max}} \times 100\% = \frac{100}{118.47} \times 100\% \approx 84.41\%$$

在上海地区，执行两部制电价的用户需要交纳基本电费和电度电费两类电费。其中，基本电费按月计算，根据需量来确定。需量（MD），是指在用户的一个电费结算期间，取连续相等的时间间隔（一般为 15min）内的平均功率最大值。每月需量会通过智能电表抄表得到。基本电费有三种计费方式，具体说明如下：

（1）按受电设备容量计收。

（2）按契约需量计收，即依据客户申报的契约限额（契约限额不小于运行容量的 40%）考核抄见最大需量。抄见最大需量未超过契约限额的 105% 时，按契约限额收取；超过契约限额的 105%，则超过部分按双倍单价收取。

（3）按实际需量计收（无不小于 40% 的限制），即考核客户抄见最大需量，按抄见最大需量收取基本电费。

实际上，除了负荷率比较高的用户会选择按照契约需量来计收基本电费，大多数用户都选择按实际需量计收基本电费。

【例 4-12】某 10kV 工业用户受电设备容量为 1000kVA，2019 年 12 月抄见最大需量是 600kW，按受电设备容量计收，基本电费是多少？如果按合约需量计收，用户申报契约限额为 500kW，则基本电费为多少？如果按合约需量计收，用户申报契约限额为 800kW，则基本电费为多少？如果按照实际需量计收，基本电费为多少？（若按设备容量计收，每月 28 元 /kW；按合约需量计收，每月 42 元 /kW；按实际需量计收，每月 42 元 /kW）

解：按受电设备容量计收

基本电费 = 用户受电设备容量 × 单价 =1000 × 28=28000（元）

如果按申报契约限额 500kW 计收，已超过契约限额的 1.05 倍，则

基本电费 = 契约限额 × 单价 +（抄见最大 MD– 契约限额）× 单价 ×2

=500 × 42+（600–500）× 42 × 2=21000+8400=29400（元）

如果按申报契约限额 800kW 计收，未超过契约限额的 1.05 倍，则

基本电费 = 契约限额 × 单价 =800 × 42=33600（元）

按实际需量计收

基本电费 = 抄见最大 MD× 单价 =600 × 42=25200（元）

2. 无功功率

三相负载吸收的无功功率等于各相负载吸收的无功功率之和，即

$$Q=Q_A+Q_B+Q_C=U_AI_A\sin\varphi_A+U_BI_B\sin\varphi_B+U_CI_C\sin\varphi_C \tag{4-23}$$

在对称三相电路中，不论星形或者三角形连接，无功功率为

$$Q = 3U_{ph}I_{ph}\sin\varphi = \sqrt{3}U_lI_l\sin\varphi \tag{4-24}$$

3. 视在功率

三相电路的视在功率为

$$S = \sqrt{P^2 + Q^2} \tag{4-25}$$

在对称三相电路中，采用电压和电流的有效值来计算，那么

$$S = 3U_{\mathrm{ph}}I_{\mathrm{ph}} = \sqrt{3}U_l I_l \tag{4-26}$$

图 4-32 为一台三相电力变压器的铭牌，铭牌上标示高压侧额定电压为 10000V、额定电流为 5.8A，这里的额定电压和额定电流分别指线电压和线电流。根据三相电路的视在功率计算公式可求得变压器在额定工作条件下的视在功率为 100kVA。若使用低压侧额定电压和额定电流也能计算出变压器在额定工作条件下的视在功率，两个计算结果相同。由图 4-32 可知，三相电力变压器铭牌所示额定容量即为额定工作条件下的视在功率。

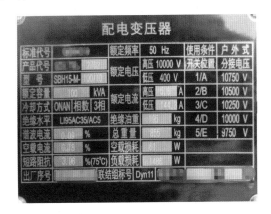

图 4-32　三相电力变压器铭牌

【例 4-13】一台三相变压器的电压为 6000V，负载电流为 20A，功率因数为 0.866。试计算其有功功率、无功功率和视在功率。

解：三相变压器的有功功率为

$$P = \sqrt{3}U_l I_l \cos\varphi = \sqrt{3} \times 6000 \times 20 \times 0.866 \times 10^{-3} \approx 180(\mathrm{kW})$$

无功功率为

$$Q = \sqrt{3}U_l I_l \sin\varphi = \sqrt{3} \times 6000 \times 200 \times \sqrt{1-0.866^2} \times 10^{-3} \approx 103.92(\mathrm{kvar})$$

视在功率为

$$S = \sqrt{3}U_l I_l = \sqrt{3} \times 6000 \times 20 \times 10^{-3} \approx 207.84(\mathrm{kVA})$$

4. 瞬时功率

三相电路的瞬时功率等于各相瞬时功率的代数和。对称三相电路各相的电压与电流在关联参考方向下，且以 A 相为参考正弦量，列出 A 相电压、电流瞬时表达式

$$\left.\begin{aligned} u_A &= \sqrt{2}U_{ph}\sin\omega t \\ i_A &= \sqrt{2}I_{ph}\sin(\omega t - \varphi) \end{aligned}\right\} \tag{4-27}$$

各相的瞬时功率为

$$\left.\begin{aligned} p_A &= u_A i_A = \sqrt{2}U_{ph}\sin\omega t \times \sqrt{2}I_{ph}\sin(\omega t - \varphi) \\ &= U_{ph}I_{ph}[\cos\varphi - \cos(2\omega t - \varphi)] \\ p_B &= u_B i_B = \sqrt{2}U_{ph}\sin(\omega t - 120°) \times \sqrt{2}I_{ph}\sin(\omega t - \varphi - 120°) \\ &= U_{ph}I_{ph}[\cos\varphi - \cos(2\omega t - \varphi + 120°)] \\ p_C &= u_C i_C = \sqrt{2}U_{ph}\sin(\omega t + 120°) \times \sqrt{2}I_{ph}\sin(\omega t - \varphi + 120°) \\ &= U_{ph}I_{ph}[\cos\varphi - \cos(2\omega t - \varphi - 120°)] \end{aligned}\right\}$$

总瞬时功率为

$$p = p_A + p_B + p_C = 3U_{ph}I_{ph}\cos\varphi \tag{4-28}$$

由此可知，对称三相电路的瞬时功率等于有功功率。由于瞬时功率是一个常量，对三相电动机来说，其转矩也是恒定的，因此运行平稳，不会产生振动，这一性质称为瞬时功率平衡。对称三相电路的瞬时功率平衡是三相制供电方式的优点。

4.4.2 三相电路功率的测量

1. 电能计量装置

电能计量装置包括各种类型的电能表、计量用的电压、电流互感器及其二次回路和专用的计量箱（柜）等。

（1）电能表。电能表能计量正向有功、反向有功、感性无功和容性无功，另外还具有分时、测量需量、电网监测（含潮流方向）、数据处理、自动控制、

信息交互等功能，并能显示、存储和输出数据。电能表按相数可分为单相表和三相表，如图 4-33 所示。

（a）单相表　　　　　（b）三相表

图 4-33　单相表和三相表实物图

（2）电压互感器。在高电压的交流电路中，常用电压互感器（TV）将高电压转化成一定比例的低电压，以供测量和继电保护之用。使用电压互感器时，必须注意二次侧绕组不能短路，否则会使互感器烧毁。电压互感器实物图和接线图如图 4-34 所示。

 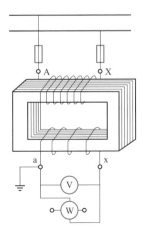

（a）实物图　　　　　（b）接线图

图 4-34　电压互感器

（3）电流互感器。在大电流的交流电路中，常用电流互感器（TA）将大电流转化成小电流，以供测量和继电保护之用。使用电流互感器时，注意二次侧不允许开路，否则将会绝缘击穿，损坏设备并危及人身安全。电流互感器实物图和接线图如图 4-35 所示。

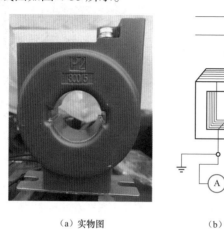

（a）实物图　　　　　　　　　　（b）接线图

图 4-35　电流互感器

【例 4-14】某一居民住宅楼采用 380/220V 电压供电，计量电能表有 3 只。1 只三相四线表为商业照明，电流互感器变比为 50/5A，执行电价为 0.9498 元 /kWh，另外 2 只单相表（不经互感器接入）为居民生活用电，电价为 0.5588 元 /kWh。上月 3 块表的底数分别是 387.0、6980、7650，本月 3 块表的抄表表码是 840.2、7849、8420，试计算当月居民楼的总用电量和总的应收电费。

解：当月居民楼总电量为

$$W=（840.2-387.0）\times 50/5+（7849-6980）+（8420-7650）$$

$$=4532+869+770=6171（kWh）$$

总的应收电费为

$$0.9498 \times 4532+0.5588 \times 1639=4304.4936+915.8732 \approx 5220.37（元）$$

【例 4-15】某三相电能表，经变比为 10000/100V 的电压互感器和变比为 50/5A 的电流互感器接入电路运行，试问该电能表的倍率是多少？

解：电压互感器的变比为

$$k_{TV} = \frac{10000}{100} = 100$$

电流互感器的变比为

$$k_{TA} = \frac{50}{5} = 10$$

三相电能表的倍率为

$$k = k_{TV}k_{TA} = 100 \times 10 = 1000$$

2. 三线四相制电路的功率测量

（1）测量原理。三相四线制电路中采用三个功率表测量功率，称为"三表法"，其接线图如图 4-36 所示，其实物图如图 4-37 所示。

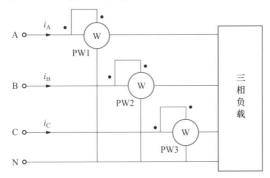

图 4-36 "三表法"测功率

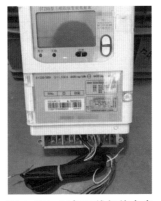

图 4-37 三相四线智能电表

图 4-36 中，各功率表的读数便代表了各相负载消耗的有功功率，于是三相负载的总功率为三个功率表的读数之和，即总功率为

$$P=P_A+P_B+P_C=U_{AN}I_A\cos\varphi_A+U_{BN}I_B\cos\varphi_B+U_{CN}I_C\cos\varphi_C$$

若为对称三相电路，总功率为

$$P=3U_{ph}I_{ph}\cos\varphi$$

式中：U_{ph} 为相电压；I_{ph} 为相电流；φ 为负载相电压与相电流的相位差，即负载阻抗角。

（2）错误接线分析。在实际工作中，常用三相四线制电能表替代三个功率表进行三相电路的功率测量，常见错误接线类型有以下五种情况：

1）相序接反。正常情况下电能表应按照正相序接线，当负相序接线后，有功电量计量正确，但可能产生附加误差，属于不规范接线。

2）电压线接触不良或断相。此时测得的三相电压异常，属于常见故障。

3）电流线断或导线和端子接触不良。此时测得三相中某相相比于其他相电流较小或近似为零，属于常见故障。

4）电流极性接反。分析故障的主要方法是画出相量图并分析电能表各相元件的相位关系，一般以二次回路接线错误居多，在新投运后的带电检查中能及时发现并处理。

5）电压、电流不对应。处理方法同（4）。

【例 4-16】某三相低压平衡负荷用户，安装的三相四线电能表 A 相失压，C 相低压 TA 开路，TA 变比均为 500/5A。若电能表起码为 0，抄回表码为 200，试求应追补的电量 ΔW。

解：A 相电压失压，C 相 TA 开路，表示 A 组、C 组元件计量电量为 0，只有 B 相计量。由于三相负载均衡，因此应追补的电量是已抄收电量的 2 倍，即

$$\Delta W=200 \times (500/5) \times 2=40000(kWh)$$

【例 4-17】一只三相四线有功电能表，B 相电流互感器反接达一年之久，累计电量为 2000kWh，求更正系数 G 和退补电量 ΔW。（假定三相负载

平衡）

解：B 相电流互感器极性反接时，功率表达式为

$$P'=U_A I_A \cos\varphi_A - U_B I_B \cos\varphi_B + U_C I_C \cos\varphi_C$$

因为三相负载平衡，正确接线时，功率表达式为

$$P'=U_{ph} I_{ph} \cos\varphi$$

正确接线时的功率表达式为

$$P=3U_{ph} I_{ph} \cos\varphi$$

更正系数为

$$G = \frac{P}{P'} = \frac{3U_{ph} I_{ph} \cos\varphi}{U_{ph} I_{ph} \cos\varphi} = 3$$

退补电量为

$$\Delta W=(G-1)W'=(3-1) \times 2000=4000(kWh)$$

3. 三相三线制电路的功率测量

（1）测量原理。三相三线制电路通常使用两个功率表测量其平均功率，称为"两表法"，其接线方法如图 4-38 所示。将两个功率表的电流线圈分别串接于任意两相（图 4-38 中为 A、C 两相）的端线中，且电流线圈带"·"号的一端接于电源一侧；电压线圈带"·"号的一端接于电流线圈的任一端，而电压线圈的非"·"号端须同时接至未接电能表电流线圈的第三相（图 4-38 中为 B 相）的端线上。需注意的是，此时电流线圈中电流参考方向是从"·"号端流入；电压线圈的"·"号端接在电流线圈所在的端线上，另一端接到没有串联电流线圈的端线上即可，此时元件所取用的线电压是以"·"号端为参考"+"极性。

图 4-38 中两个功率表的读数之和即为三相三线制中负载电路吸收的有功功率，现简述证明过程。

三相负载的瞬时功率为

$$p=p_A+p_B+p_C=u_{AN}i_A+u_{BN}i_B+u_{CN}i_C$$

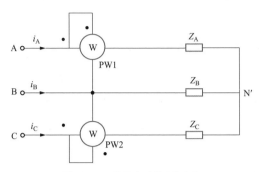

图 4-38　"两表法"测功率

由于三相三线制中，$i_A+i_B+i_C=0$，即有 $i_B=-(i_A+i_C)$，代入上式并整理得

$$p=u_{AN'}i_A-u_{BN'}(i_A+i_C)+u_{CN'}i_C=(u_{AN'}-u_{BN'})i_A+(u_{CN'}-u_{BN'})i_C=u_{AB}i_A+u_{CB}i_C$$

根据正弦电路中有功功率的定义可求得三相有功功率为

$$P=U_{AB}I_A\cos\varphi_1+U_{CB}I_C\cos\varphi_2=P_1+P_2 \tag{4-29}$$

式中：φ_1 为 $\dot{U}_{AB}$ 与 $\dot{I}_A$ 的相位差；φ_2 为 $\dot{U}_{CB}$ 与 $\dot{I}_C$ 的相位差；P_1 为功率表 PW1 的有功功率；P_2 为 PW2 的有功功率。

由式（4-29）可知，可用"两表法"测量三相三线制电路的功率，两个功率表读数之和便为三相总的有功功率，此结论对△形负载仍成立。

若为对称三相电路，一般认为负载为感性，其相量图如图 4-39 所示。

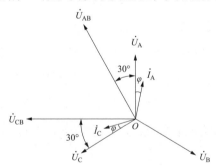

图 4-39　三相三线制电路相量图

电路中两个元件计量的功率计算公式为

$$\left.\begin{array}{l}P_1=U_{AB}I_A\cos\varphi_1=U_lI_l\cos(\varphi+30°)\\P_2=U_{CB}I_C\cos\varphi_2=U_lI_l\cos(\varphi-30°)\end{array}\right\}$$

对称三相电路的总有功功率为

$$P = P_1 + P_2 = 2U_lI_l\cos\varphi\cos30° = \sqrt{3}U_lI_l\cos\varphi \qquad （4-30）$$

（2）错误接线分析。在实际工作中，如图4-40所示，常用三相三线制电能表替代两个功率表进行三相电路的功率测量，错误接线类型包含电压或电流缺相、电流反接（电流互感器极性反接）、电压相序接反、电压电流不对应（移相）、电压互感器极性接反、电压互感器断相等故障，影响电能计量准确度，给供用电双方造成损失。

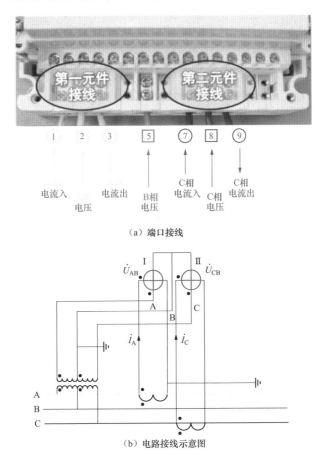

（a）端口接线

（b）电路接线示意图

图4-40 三相三线制电能表接线

当采用三相三线制电能表计量对称三相电路存在接线异常的情况时，可使用相位伏安表对电能表后出线进行测量和排查。相位伏安表实物图如图4-41（a）

所示。通过相位伏安表测量交流电压值、交流电流值以及两交流变量之间的相位差，确定基准相、判定相序、测量各相电流与 $\dot{U}_{12}$ 的相位差，绘制出表述测量表计各个测量对象之间关系的相量图，通过与图 4-39 核对以判断是否存在接线异常，并可根据相量图写出实际测量功率的表达式。

测量之前，先对电能表元件和端口进行编号，如图 4-41（b）所示，以便记录测量结果和分析相量图。此外，需要注意电压编号和电流编号仅用作记录，非对应关系，因为在电能表计量中，电压回路和电流回路是分开的，仍有可能存在某一元件接入的电压量与电流量是不匹配的情况，需通过相量图判断测量各端口电流与各相之间的对应关系。需要说明的是，一般认为负载为感性负载。

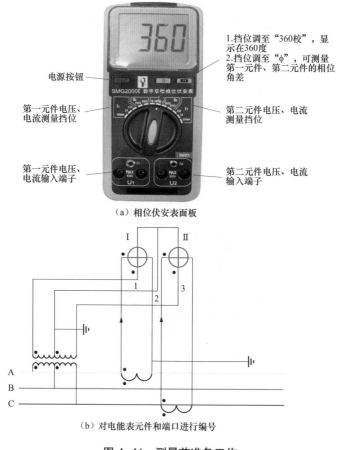

（a）相位伏安表面板

（b）对电能表元件和端口进行编号

图 4-41 测量前准备工作

采用相位伏安表进行错误接线分析的步骤如下：

第一步：测量 1、2、3 号端口对地电压，以判断基准相，测量接线图如图 4-42 所示。一般以接地相为基准相，即图 4-40（b）中的 B 相。若以图 4-41（b）进行测量，测得 $U_2=0$V，即 2 号端口所连相为 B 相。绘制相量图时，从基准相电压开始绘制。

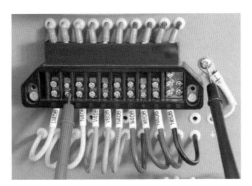

图 4-42　测对地电压

第二步：测量电压 U_{12}、U_{32}、U_{31}，以判断电压回路接线是否存在失压和断相的情况，测量接线如图 4-43 所示。如果测量得三相线电压值均相等，可认为三相线电压无断相、失压的情况。

图 4-43　测线电压

第三步：测量电流 I_1、I_2，以判断电流回路接线是否存在开路、短路情况，测量接线如图 4-44 所示。如果测量得两相电流基本一致且电流值大小适中，可认为电流回路无开路、短路情况。

图 4-44   测线电流

第四步：测量 $\dot{U}_{12}$ 与 $\dot{U}_{32}$ 的相位角，以判断电压相序，测量接线如图 4-45 所示。通过相量图 4-46（a）分析可知，相位角为 300° 时，三相电压为正相序；通过分析图 4-46（b）所示相量图可知，相位角为 60° 时三相电压为负相序。

图 4-45   测电压相序

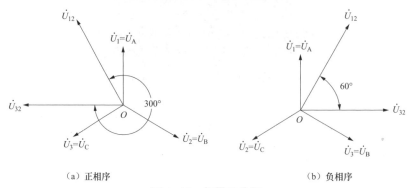

（a）正相序   （b）负相序

图 4-46   相量图分析

第五步：测量 $\dot{U}_{12}$ 与 $\dot{I}_1$、$\dot{I}_2$ 间的相角差，以在相量图中判断 $\dot{I}_1$、$\dot{I}_2$ 与 $\dot{I}_A$、$\dot{I}_B$、$\dot{I}_C$ 之间的对应关系，测量接线如图 4-47 所示。

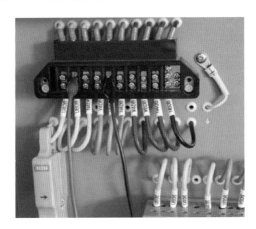

图 4-47　测相角差

第六步：绘制相量图，写出测量表计的实际功率表达式。

【例 4-18】采用伏安相位表对某三相三线制对称电路进行错误接线分析，测量结果记录在表 4-3 和表 4-4 中。根据测量结果，试画出分析相量图并写出错误接线下的功率和更正系数的表达式。

表 4-3　　　　　　　　［例 4-18］测量的电压、电流与 $\dot{U}_{12}$ 的相位差

物理量	$\dot{U}_{32}$	$\dot{I}_1$	$\dot{I}_2$
与 $\dot{U}_{12}$ 的相位差	300°	293°	173°

表 4-4　　　　　　　　［例 4-18］电压、电流测量结果表

物理量	U_1	U_2	U_3	U_{12}	U_{32}	U_{31}	I_1	I_2
有效值	0V	100V	100V	100V	99.9V	100V	1.49A	1.50A

解：由表 4-3 的测量结果可知，接线为正相序。由表 4-4 的测量结果可知，$\dot{U}_1$ 为基准 B 相。画出图 4-48 所示相量图进行分析。

根据图 4-48，可写出三相三线电能表计量的功率

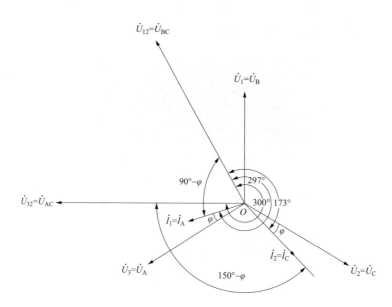

图 4-48　［例 4-18］分析相量图

$$P' = U_{12}I_1\cos(90° - \varphi) + U_{32}I_2\cos(150° - \varphi)$$
$$= U_{BC}I_A\cos(90° - \varphi) + U_{AC}I_C\cos(150° - \varphi)$$
$$= U_lI_l[\cos(90° - \varphi) + \cos(150° - \varphi)]$$
$$= U_lI_l(\sin\varphi + \cos150°\cos\varphi + \sin150°\sin\varphi)$$
$$= -\frac{\sqrt{3}}{2}U_lI_l(\cos\varphi - \sqrt{3}\sin\varphi)$$

更正系数为

$$G = \frac{W}{W'} = \frac{Pt}{P't} = \frac{P}{P'} = \frac{\sqrt{3}U_lI_l\cos\varphi}{-\dfrac{\sqrt{3}}{2}U_lI_l(\cos\varphi - \sqrt{3}\sin\varphi)} = -\frac{2}{1 - \sqrt{3}\tan\varphi}$$

【例 4-19】一只三相三线电能表，在 A 相电压回路断线的情况下运行了 4 个月，所计电能累计为 50000kWh，功率因数约为 0.8，求退补电量 ΔW。

解：A 相断线时，$U_{AB} = 0V$，实际功率表达式为

$$P' = U_{CB}I_C \cos(30° - \varphi)$$

$$= U_lI_l\left(\frac{\sqrt{3}}{2}\cos\varphi + \frac{1}{2}\sin\varphi\right)$$

$$= \frac{1}{2}U_lI_l(\sqrt{3} + \tan\varphi)\cos\varphi$$

更正系数表达式为

$$G = \frac{P}{P'} = \frac{\sqrt{3}U_lI_l\cos\varphi}{\frac{1}{2}U_lI_l(\sqrt{3} + \tan\varphi)\cos\varphi}$$

$$= \frac{2\sqrt{3}}{\sqrt{3} + \tan\varphi}$$

当 $\cos\varphi=0.8$ 时，$\tan\varphi=0.75$，则更正系数为

$$G = \frac{2\sqrt{3}}{\sqrt{3} + 0.75} \approx 1.4$$

退补电量为

$$\Delta W = (G-1)W' = (1.4-1) \times 50000 = 20000 \ (\text{kWh})$$

小结

　　本章所介绍的三相电路是电力系统广泛采用的基本供电方式，三相电路的基本概念和基本计算是电力从业人员必备的基本知识。

　　本章阐述了三相电路的基本概念，三相电源和负载的连接方式，三相电路的计算，三相电路的功率。在对称三相电源中介绍了三相供电的优势，用户计量柜中的母排颜色标识及相序分布，单相触电和两相触电。在三相负载的连接中介绍了三相异步电机的Y-△启动，在三相电路中介绍了三相四线制和三相三线制。在对称三相电路中介绍了日常生活中的单相负载和三相负载。在不对称三相电路中介绍了三相四线制的中性点位移和台区线损计算。在三相电路功率中介绍了电力公司对需量的考核方式，三相变压器额定容量，三相四线电能表与三相三线电能表计量的测量原理和错误接线分析。

习题与思考题

4-1 已知图 4-49 中对称三相电路的 Y 形负载 $Z=(165+j84)$ Ω，端线阻抗 $Z_l=(2+j)\ \Omega$，中性线阻抗 $Z_N=(1+j)\ \Omega$，线电压 $U_l=$ 380V。求负载的电流 $\dot{I}_A$ 和线电压 $\dot{U}_{ZAB}$。

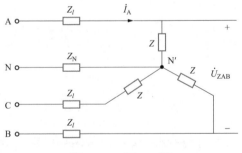

图 4-49 题 4-1 图

4-2 已知图 4-50 所示 △ 形连接的负载为 $Z_{AB}=(6+j8)\ \Omega$，$Z_{BC}=(6-j8)\ \Omega$，$Z_{CA}=(8+j8)\ \Omega$。求负载接于线电压 380V 的三相电源时各相电流及线电流。

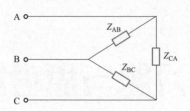

图 4-50　题 4-2 图

4-3　图 **4-51** 所示电路中，$\dot{U}_A$、$\dot{U}_B$、$\dot{U}_C$ 是一组 Y 形连接的对称三相电源，试写出 $\dot{I}_1$ 及 $\dot{U}_{N'N}$ 的表达式。

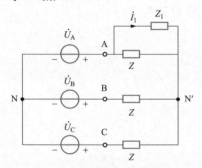

图 4-51　题 4-3 图

4-4　一三相△形接线的负载，每相均由电阻 $R=10\Omega$、感抗 $X_L=8\Omega$ 组成，电源的线电压为 380V。求相电流 I_{ph} 和线电流 I_l 的有效值、功率因数 $\cos\varphi$ 和有功功率 P。

4-5　某低压三相四线用户，为达到少交电费的偷电目的，私自将计量低压互感器更换，互感器变比铭牌仍标为正确时的 200/5，

后经计量人员检测发现 A 相电流互感器变比实为 500/5，B 相电流互感器变比实为 400/5，C 相电流互感器为变比 300/5，已知用户更换 TA 期间有功电能表走了 100 个字，试计算应追补的电量 ΔW。

4-6 三相三线电能表错误接线分析实测数据见表 4-5 ～表 4-7，试写出错误功率的表达式和计算更正系数。

表 4–5 题 4-6 电流电压测量结果

物理量	U_{12}	U_{32}	U_{31}	I_1	I_2
有效值	99.6V	99.8V	99.5V	1.927A	1.936A

表 4–6 题 4-6 测对地电压确定 B 相

物理量	U_1	U_2	U_3
有效值（V）	0.0	100.3	99.6

表 4–7 题 4-6 各电压、电流与 $\dot{U}_{12}$ 的相位差

物理量	$\dot{U}_{32}$	$\dot{I}_1$	$\dot{I}_2$
与 $\dot{U}_{12}$ 的相位差	300°	355°	295°

参考文献

[1] 国家电网公司人力资源部. 电工基础 [M]. 北京：中国电力出版社，2010.

[2] 国家电网公司人力资源部. 电能计量 [M]. 北京：中国电力出版社，2010.

[3] 国家电网公司人力资源部. 装表接电 [M]. 北京：中国电力出版社，2016.

[4] 汪建，王欢. 电路原理（上册）[M]. 北京：清华大学出版社，2016.

[5] 汪建，王欢. 电路原理（下册）[M]. 北京：清华大学出版社，2016.

[6] 国家职业资格培训教材编审委员会. 电工基础 [M]. 北京：机械工业出版社，2018.

[7] 韩雪涛，韩广兴，吴瑛. 图解电工基础知识 [M]. 北京：中国电力出版社，2019.

[8] 朱桂萍，于歆杰，刘秀成. 电路原理试题选编 [M]. 北京：清华大学出版社，2019.

[9] 刘振亚. 全球能源互联网 [M]. 北京：中国电力出版社，2015.

[10] 邱关源. 电路 [M]. 5 版. 北京：高等教育出版社，2006.

[11] 江缉光，刘秀成. 电路原理 [M]. 2 版. 北京：清华大学出版社，2007.

[12] 杨欢红，杨尔滨，刘蓉晖. 电路 [M]. 2 版. 北京：中国电力出版社，

2017.

[13] 邢丽东，潘双来. 电路学习指导与习题精解 [M]. 3 版. 北京：清华大学出版社，2016.

[14] 正田英介，吉冈芳夫. 电工电路 [M]. 北京：科学出版社，2001.

[15] 陈佳新. 电工电子技术 [M]. 北京：电子工业出版社，2013.

[16] 刘丙将. 实用接地技术 [M]. 北京：中国电力出版社，2012.

[17] 舒印彪. 1000kV 交流特高压输电技术的研究与应用 [J]. 电网技术，2005（29）：T1-T6.

[18] 张燕君，齐跃峰. 电路原理 [M]. 北京：清华大学出版社，2017.

[19] 张仁豫，陈昌渔，王昌长. 高电压试验技术 [M]. 3 版. 北京：清华大学出版社，2009.

[20] 陈天翔，王寅仲，海世杰. 电气试验 [M]. 2 版. 北京：中国电力出版社，2008.

[21] 国家电网公司人力资源部. 带电作业基础知识 [M]. 北京：中国电力出版社，2010.